食べる・飼う・いやされる
沖縄のヤギ文化誌

ヒージャー天国

平川宗隆 著

NO YAGI
NO LIFE

Welcome to
Goat paradise
Okinawa

ボーダーインク

はじめに

かつて沖縄では、ほとんどの農家がヤギを飼っていたが、その世話は主としてお年寄りや子供たちの役割であった。人に害を与えず大人しく人懐っこさがその理由である。

さらに、家族や親せき、隣近所で食べるのにも手ごろな大きさであり、子供の誕生日や運動会、入学式や卒業式には肥育していたヤギを屠り、普段滅多に摂ることができない貴重な動物タンパク質の補給源として有益な家畜であった。

また、職場のレクリエーション、集落の生年祝い、選対事務所開き、棟上げ式、甘蔗や稲の収穫後の慰労等の場でもヤギ汁やヤギ刺しは大いに活躍していた。

ところが 1972 年の本土復帰を境にして、本土のと（屠）畜場法が適用されるに至り、ヤギは屠畜場以外での屠殺が禁止されたため、これらの良き慣習は次第にすたれていった。

同時にその頃から、生活習慣や食生活のパターンが大きく変化した時期でもあり、ヤギ汁やヤギ刺しの活躍の場は次第に減少し、代わってオードブル、ピザ、寿司等にその地位を明け渡すこととなった。

一方ヤギの飼育面に眼を転じると、那覇市内といえどもかつてはヤギの餌となる雑草や木の葉が確保できるスペースがあったが、押し寄せる住宅のため次第に困難となってきた。またヤギは、お腹を空かすと悲痛な鳴き声を発するので近所から嫌がられ、糞は悪臭とハエの発生源となるため近隣から一斉に非難されることとなり、

次第にヤギは郊外へ郊外へと追われていった。

他方、ヤギ農家の後継者不足が大きくクローズアップされているが、先述したように食生活や生活習慣の変化に伴なうヤギ肉需要の落ち込み、ヤギ料理専門店の減少、健康志向によるヤギ料理からの忌避、海外からの安価な冷凍ヤギ肉の輸入増等により、苦労の割には儲からないという理由からヤギ農家は年々減少している。

しかしながら数年前、琉球大学農学部砂川勝徳教授（当時）らの、ヤギ肉は血圧を上げない、という研究結果が新聞に掲載されて以降、それまで健康上の理由で食べたいのを必死に我慢していたヒージャージョーグー（ヤギ上戸）たちが、一斉に食べ始めたのでヤギ肉需要は一気に高まり、生産が追いつかない状況になってきた。

さあ、困ったのはヤギ料理専門店やヤギ肉店である。砂川先生は皮肉にも業者から先生のおかげでヤギが足りなくなった、といわれ苦笑している。筆者も行先々で何とかしてくれとの要望を受ける嬉しい悲鳴を上げている。

本書では、県内のヤギ農家の紹介や飼育方法等を紹介しながら、ヤギに癒される人たちのことや地域のヤギ料理専門店の紹介、さらにはヤギの多面的利活用の紹介を試みる。

結びに、本書がきっかけで1人でも多くヤギ農家が増え、ヤギ増産の機運が高まる一助となれば望外の喜びである。

2018 年春

平川 宗隆

※ CONTENTS ※

はじめに 4

第一章　ヤギについての基礎知識 10

ヤギとはどんな動物か？ 12
元気が出るとして珍重 14
▷ Keyword#1　沖縄で多くのヤギが飼われているわけ 16
▷ Keyword#2　沖縄のヤギ、なぜ白い 18
▷ Keyword#3　ヤギの呼び名いろいろ 21
▷ Keyword#4　ヤギが日本へやってきた！ 22
　　　最古の家畜・ヤギ／アジアには二つの経路で伝播
　　　東アジアには2系統のヤギが存在／台湾は2系統の交差点
　　　琉球へのヤギの伝来／日本への伝来／家畜としてのヤギの導入
▷ Keyword#5　沖縄におけるヤギのあゆみ 26
　　　戦前のヤギ事情／第二次世界大戦後／本土復帰後
▷ Keyword#6　ヤギ肉とヤギ乳 33
▷ Keyword#7　家畜ヤギいろいろ 34
　　　ジャムナパリ種／ボア種／アルパイン種／ザーネン種／ヌビアン種
　　　アンゴラ種・カシミア種／トッケンブルグ種
▷ Keyword#8　ヤギとヒツジ 36

第二章　ヒージャー飼育中　われら、ヤギ農家！ 38

北部地域
▷ヤギ肉・乳製品やグッズの開発にかける（農業生産法人　株式会社もとぷらす） 40
▷重機のオペレーターからヤギ飼いへ（真栄田義盛さん） 42
▷島ヒージャーにこだわる生粋の畜産人（みーつぴんざ牧場　宮城正男さん） 43
▷ヒージャーで元気な一家（安村勲さん・安村正也さん） 44
▷ピージャーオーラサイの仕掛け人（仲田亘さん） 46
▷アイデアマンのヤギ飼い（比嘉増進さん） 47

▷舎飼いと放牧の合体方式を推進（伊禮正宗さん） 48
▷船員からヤギの道へ転身（伊禮斉さん） 49
▷ヤギ肉の味にこだわる（浜里大志さん） 50
▷ヤギを飼うハブ捕り名人（名嘉恒夫さん） 51
▷昼はヤギ生産組合長、夜は居酒屋の店長（津田隆一さん） 52

中部地域

▷95歳の現役ヒージャー飼い（米須清行さん） 54
▷ヤギたちとお散歩しませんか（清ら海ファーム　外間昇さん・晴美さんご夫妻） 56
▷部屋の中でヤギを飼う（藤田充隆さん・美知恵さんご夫妻） 58
▷土木業からヤギ飼いへ（小橋川嘉善さん） 60
▷豚からヤギへシフトチェンジ（上地真徳さん） 61
▷ヤギ飼いのプロ、久米島からも白羽の矢（宇禄昌健さん） 62
▷福祉関連の仕事から転身（新城清吉さん） 64

南部地域

▷斬新な発想でヤギを飼い、仲間をまとめる（ゴートハウス真壁　金城忠良さん） 68
▷糸満のヤギ振興に情熱を傾ける（大城助春さん） 70
▷那覇市内の公園でヤギを飼う（大石公園ヒージャー愛好会） 71
▷元警察官がヤギを飼う（崎山安男さん） 76
▷那覇市内の傾斜地でヤギを飼う（宮良松雄さん） 77

離島地域　南大東

▷半農・半漁からヤギ飼いへ（ピットイン新城　新城鎌佑さん・幸子さんご夫妻） 78

離島地域　宮古

▷「多良間ピンダ島おこし事業」を一手に担う（知念正勝さん） 80
▷地方公務員からヤギ飼いへ（垣花勝盛さん） 82
▷キン肉マンがヤギを飼う（羽地敏哉さん） 83
▷83歳の独身ヤギ飼いおじいさん（上里正栄さん） 84
▷100頭あまりを一手に　期待の新星（荷川取英正さん） 85

離島地域　八重山

▷会員26名をたばねる石垣市の組合長（宮国文雄さん） 86
▷料理店経営のかたわらで飼育も（迎里勝二さん） 87
▷ヤギの人工授精師で柔道家（農業生産法人（株）ゴートファームエイト　新垣信成さん） 88

CONTENTS

第三章　ヤギにいやされ　ヤギを活用する！ ……………… 92

▷1　やぎさん公園　大石公園ダイアリー ……………………………………… 94
　　梅雨時の大石公園でヤギと遊ぶ／小春日和に誘われて
▷2、子どもたちもヒージャー大好き！
　　「小禄金城地域福祉まつり」でヤギさん大活躍 …………………… 98
▷3、笑顔のリレー　沖縄から東北へ
　　南三陸町へ山羊を届けようプロジェクト ……………………………… 99
▷4、新聞記事から見つけたよ
　　地域おこしや行事にヤギを活用！　各地の事例から ………… 106
　　名護の地域おこしにヤギ／ヤギセラピーで大活躍／キャンペーンにも大活躍
　　国頭と与論　交易再現　木材とヤギ交換
　　ヤギさん役所に出動　生きた除草機として活用／本土からのヤギを一手に引き受ける
　　お得意さんの呼び込みに重要な役割を果たすヤギ汁／模合にもヤギ汁が大好評

第四章　愛のひとさら　ヒージャー料理！ ……………… 116

▷親子で営む沖縄市の名店（山羊料理の店　ぬちぐすい） ………………… 118
▷ボリューム満点　女将の経営するお店（山羊料理　ひろ） ……………… 119
▷屋富祖大通りの老舗　さすがの味わい（まるくに山羊料理店） ………… 120
▷ヤギにまつわる女将のトークも魅力（山羊料理　はなじゅみ） ………… 121
▷珍しい血入りの汁を石垣で味わう（五升庵） ……………………………… 122
▷宮古の新顔　牛汁・馬汁なども（満月食堂） ……………………………… 123
▷伊是名の多角経営ヒージャー屋（まる富） ………………………………… 124
▷定食 950 円　自家産で良心的価格！（食事処　城木屋） ………………… 124
▷ミニ動物園もある味わい深いお店（中川牧場 食肉加工・食堂） ………… 125
▷オリジナル料理多数　糸満のニューフェイス …………………………… 126
　　（居酒屋ヤギ処　山羊汁べぇーべぇーべぇー食堂）
▷かつてのヤギどころでイタリアン風ヒージャー（やぎとそば　太陽） … 127

▷おいしいヤギ汁ごちそうさま！ 北中城で学校給食に村内産のヒージャー ……… 129
▷新年祝ってヤギ汁の宴　中城村南上原で区民が集まって舌鼓を打つ ……… 129

コラム
▷1　沖縄県が推進！『おきなわ山羊肉レシピ』　　　　　　　　　　65
▷2　中国・福建省福州市郊外のヤギの屠畜風景　　　　　　　　　89
▷3　沖縄の伝統的なヤギ調理法について知る　　　　　　　　　113
▷4　ヤギのセリ市風景を見学してきた　　　　　　　　　　　　114
▷5　スリランカで出会った　ヤギカレーのレシピ　　　　　　　130

あとがき　　　　　　　　　　　　　　　　　　　　　　　　　132
主な引用・参考文献　　　　　　　　　　　　　　　　　　　　134

また会えたね！

WELCOME
TO
Goat Paradise Okinawa

第一章

ヤギについての基礎知識

沖縄は日本でも有数の「ヒージャー天国」である。長きにわたって沖縄で愛されてきたヤギとそれにまつわる文化を知り、これからも受け継いでいきたいと考えている。そこで、

沖縄のヤギ、歴史と文化をまとめてみました。

なぜ沖縄でヤギがこれほどまでに
愛され、食べられているのか。

沖縄在来種から改良種まで
ヤギはどんなふうな歴史を歩んできたのか。

島ごと、地域ごとのヤギの呼び方から、

ヤギとよく似ている動物・ヒツジとの違いまで。

まずは、ヤギをまるごと知っていきましょう！

ヤギとはどんな動物か？

ヤギは、ジッとしていることよりも駆けずり回ったり、飛び跳ねたりすることを好む活動的な動物である。賢い動物で畜主に慣れやすい。環境的には寒気や湿気を嫌い、暑気、乾燥地を好む。

また、岩山などの高いところを好み平気で上り下りする。食性はイネ科の野草や牧草よりも樹皮や樹木の若芽を好む。そのため小島などの限定された場所にヤギを放すとたちまち荒地にしてしまう。この習性を利用して野山や原野を管理する研究も進められている。

古代からヤギは森の破壊者として恐れられ、メソポタミア人もこれを森の神へ犠牲として捧げていたという。地中海諸島が禿山になっているのは、ヤギをそこへ放し飼いした結果であるとさえ言われている。これを教訓として、わが尖閣列島のヤギは早めに対策を講じる必要があると思われる。幸いにその他の地域ではヤギの放牧の習慣は少なく、そのため野生化することはなく有用な家畜として評価されてきた。

元気が出るとして珍重

また、ヤギは非常に繁殖欲の強い動物として知られている。このことによって世の男性諸君からヤギ肉は精力剤として評価されていると思われる。

私がヤギ肉を食べ歩いてきたフィリピン、ベトナム、インドネシア、インド、韓国などの国々でも同様な評価を受けている。特にベトナムでは、「ヤギ」と「スケベ」は同じく「Con de」（コンゼー）と表記・発音する。面白いことに沖縄では泡盛にハブをつけたハブ酒があるように、ベトナムではヤギの睾丸を焼酎に漬けた睾丸酒があった。

ヤギ乳は人間が動物から得た最初の乳であり、牛乳よりも栄養に富んでいるために、牛の飼育が困難な山岳地帯や砂漠地帯では十分に牛乳の代用をなすことができ、ヨーロッパでもヤギは「貧乏人の牝牛」と呼ばれている。沖縄では戦後の食糧難の一時期、ヤギ乳は利用されたが、しばらくして途絶えてしまった。沖縄ではヤギはもっぱら肉用が目的であった、といっても過言ではない。

Keyword #1

沖縄で多くのヤギが飼われているわけ

ヤギは、青草が豊富で、誰にでも飼養でき、特に婦女子や年配者に適していることから、沖縄ではこれまで盛んに飼われてきた。沖縄は耕地面積が狭い上に旱魃(かんばつ)や台風の影響を受けるため食糧に乏しく、特に動物タンパク質の供給源として、飼いやすいヤギに頼ったものと考えられる。

沖縄でヤギの飼育が盛んな理由を、以下に詳述する。

1 とにかくニーズが根強い！クスイムンとして需要あり

ヤギ肉には独特のにおいがあり、鹿児島県以外の県ではほとんどその需要はないが、沖縄県民には根強いヤギ肉嗜好があり、滋養強壮のクスイムン（薬膳）としての需要も依然として高い。

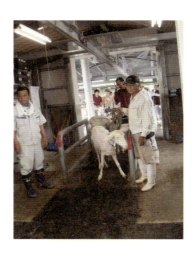

2 高い値段で取引されるからサイドビジネスに最適!?

県内に多く存在するヤギ料理店の根強い支持に加え、新築祝い、合格祝い、出産祝い、選挙事務所開きなど臨時的な需要があり、その際にヤギ肉が高価で取引されるので、婦人や老人のサイドビジネスとして最適である。

3 丈夫で温厚 気候にもバッチリ適応！

ヤギは極めて強健な動物で、獣医師の世話になることは稀で、飼養管理も簡単であり、婦人や子供や老人にも容易に飼うことができる。気候風土に対する適応性が強く、北海道から沖縄まで広く飼うことができる。

4 草や木の葉など、エサも手に入りやすい

飼料は野山や庭先の草類、木の葉、木の皮、わら、野菜クズ、おからなどの製造副産物など、いつでもどこでも容易に得られるものである。

5 ひょうきんで憎めない 愛されキャラはペット向き？

ヤギはスマートでひょうきんでありながら、ツンとすました仙人然としている。それでいて、人を小馬鹿にしたような振る舞いもするが、憎めない雰囲気がある。清潔と乾燥を好み、一度飼養すればたちまち家族の一員となり、ペットにもなる。

6 飼い始めの経費も安く、ふんは肥料としても使える

子ヤギの購入やヤギ小屋にも多額の費用を要しないので容易に飼え、糞尿は肥料価値が高く分解も速いので、野菜、果樹、花卉類に適した肥料である。

Keyword #2

沖縄のヤギ、なぜ白い

改良の歴史が背景にあり

沖縄にヤギが来歴したのは 15 世紀頃だと考えられている。

大柄で黒色のヤギが中国大陸から台湾を経由して沖縄へ来た説と、イスラム教徒がその布教を目的に、食糧である小柄で茶色のヤギを引き連れて、インドネシア、マレーシア、フィリピンと渡り、台湾を経由して沖縄へ来た説の二説がある。

いずれの説にしても当時のヤギは白色ではなく有色であった。大型のヤギも来歴したが、限定された地域での飼育管理の変化や近親交配を重ねた結果、次第に小柄になってきたことは想像に難くない。

島ヒージャーとは

沖縄在来のヤギのこと。体重は 15kg～20kg で小柄。被毛は黒色、褐色、灰色あるいはそのまだらである。有角で肉髯(にくぜん)はなかった。周年発情し、2 対の乳頭は全て機能していた（現在のヤギは一対しか機能していない）。

小柄なヤギは家族や友人同士で食べるのには手頃な大きさであったが、経済的価値は低かった。そこで小柄な在来ヤギを経済的価値の高い大型のヤギに改良する目的で、1926年に長野県から日本ザーネン種を導入した。

日本ザーネン種はスイス原産の乳用種であるザーネン種と日本のシバヤギを交配して作出した白色の大柄のヤギである。日本ザーネン種の交配に

筆者が調査を行った 2005 年、10 島におけるヤギ 1338 頭中 1097 頭が白で白色率は 82％であった。

その内訳は、

与那国島 ▶ 39 頭中 20 頭が白（52％）
石垣島 ▶ 91 頭中 70 頭が白（77％）
波照間島 ▶ 75 頭すべて白（100％）
多良間島 ▶ 123 頭中 114 頭が白（93％）
宮古島 ▶ 102 頭中 94 頭が白（92％）
久米島 ▶ 34 頭中 23 頭が白（68％）
粟国島 ▶ 58 頭中 53 頭が白（91％）
伊平屋島 ▶ 56 頭中 36 頭が白（64％）
伊是名島 ▶ 51 頭中 47 頭が白（92％）
沖縄本島中南部 ▶ 484 頭中 407 頭が白（84％）
沖縄本島北部 ▶ 225 頭中 206 頭が白（92％）

沖縄の在来ヤギの特徴

▼毛色は黒や茶色
▼角がある
▼あごの下に垂れ下がる肉髯はない
▼副乳頭がある（機能的！）
▼毛髯（あごひげ）は個体差が

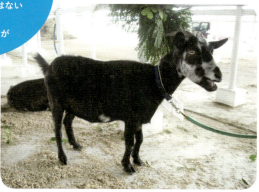

在来種の特徴を感じさせるヤギ

毛髯はあごひげ
垂れ下がってるのが肉髯だよ

副乳頭がハッキリ
４つ確認できるよ

現在のヤギの乳頭は、一対しか機能していないのです

日本ザーネン種の特徴

▼スイスのザーネン種と
　日本のシバヤギの交配種
▼在来種に比べて体が大きい
▼白い毛色は優性遺伝するので、
　生まれる子ヤギは白色になる

より沖縄の在来ヤギは50キログラムほどのヤギに改良され、有色だった毛色も清潔感あふれる白色に変わってきた。

それではなぜ黒や茶色が白色になったのかといえば、白はヤギの毛色で最も優性であるからだ。

白と黒、白と茶、白と灰色、白と褐色など、どの組み合わせでも白が優性なために、生まれる子ヤギの毛色は白が多くなるというわけだ。

白ヤギが主流なのはアジアで日本だけ!?

ザーネン種の毛色が白色、という遺伝子は、もう一つの大きな功績をもたらした。

沖縄ではかつての食糧難の時代に、ヤギ汁に犬肉を混入し増量を図ったことがあったといわれている。そのため現在でも、ヤギ刺しの皮が黒いと「犬肉」を連想するようだ。このような理由でヤギの毛色は白が好まれ、現在に至っている。人口や観光客が多い本島や宮古島などは白色率が高く、人口や観光客が少ない与那国島や伊平屋島は白色率が低い、という二極化現象がみられた。

その理由として、前者は需要に応えるためザーネン種を導入し、積極的に改良を進めた結果であり、後者はその逆である。が、石垣島は前者に属するものの最近は有名な石垣牛の影に隠れた感がある。

また波照間島、伊是名島、粟国島などは過疎の島にも関わらず高い白色率を示しているのは、過去にザーネン種を導入し、改良を進めたことに由来すると思われる。

20キログラム前後の小柄で有色の在来ヤギを、沖縄県民が好む清潔感溢れる白色化や50キログラム以上の大型化に貢献したザーネン種の功績は大きい。

日本ザーネン種が長野県から1926年に導入されて以来、ここまでくるのに80年以上の月日が経過している。

先日、フリーアナウンサーで童謡研究家の伊良皆善子女史から次のような電話があった。「台湾の童謡の中で、黒いヤギが出てくるが、台湾のヤギは黒いのですか」という趣旨の内容であった。

日本国内で私たちが見かけるヤギは、そのほとんどが白色で、子供たちに絵を描かせると大方の子供たちは白いヤギを連想すると思う。

しかし、お隣の韓国では「韓国在来黒ヤギ」の名の通り、真っ黒なヤギがほとんどである。台湾でも肉用ヤギはヌビアン系やジャムナパリ系の黒や茶、あるいはそれらのまだら模様がほとんどである。

アジアの国々で白いヤギが主流の国は日本だけである。

Keyword #3

ヤギの呼び名いろいろ

ヤギは本島中南部の方言でヒージャーと呼ばれているが、山原では、ピージャーまたはピーザーと呼ばれている。八重山ではピピジャー、宮古ではピンザ、多良間島ではピンダと呼ばれている。
また、恵原義盛『奄美生活史』によれば、琉球弧の一つである奄美地方でもヒンザ、ヒッジャ、ヒーザ、ピンザなど呼ばれており、ひつじの訛りであろうと述べている。
そのほかにも島袋正敏『沖縄の豚と山羊』によればヒンザ、ヒビダ、ピミダ、ピンダなどと呼称している所もあり、地域によってその呼び方もさまざまである。

宮古ではピンザ

山原ではピーザーなど

中南部ではヒージャー

八重山ではピピジャー

ヤギが日本へやってきた！

最古の家畜・ヤギ

ヤギは反すう動物のうち、最も古く家畜化された動物の一つであり、西アジアの山地で、紀元前7000年～1万年の間に家畜化が行われたと考えられている。当初は肉用であったが、その後、乳用として利用されるようになった。ヤギは搾乳により乳を利用した最古の家畜として位置づけされている。家畜ヤギは、ヨーロッパとアジアで多くの品種が確立されており、これらは主として、乳用、肉用、毛用に分類されている。しかし、品種としては確立されていない在来種が、世界の多くの地域で飼育されている。

アジアへは二つの経路で伝播

西アジアで家畜化されたヤギは二つの経路をたどったと考えられている。第一の道は青線で示したようにシルクロードに沿って、中央アジアからモンゴル、中国へとつながる道である。第二の道は赤線で示したように、第一の道から分岐しカイバル峠を越えて、インド亜大陸へ向かう道である。

中国とインドで受容され増頭していったヤギは、その後、破線で示したように中国からは台湾やインドシナ半島へ、また、ヒマラヤ山脈の東を南に越えて、アッサム、ベンガル地方へと伝えられた。インドからはベンガル湾に沿ってマレー半島や東南アジアに伝播され、さらに北上してフィリピンや台湾、そして沖縄をはじめとする南西諸島へ伝播されたと考えられている。

東アジアには2系統のヤギが存在

東アジアへ伝播したヤギは、一つは黒色の大型ヤギで、中国大陸南部、インドシナ半島北部、インド東部、韓国及び台湾西部などに分布している。他の一つは褐色の小型ヤギで、東南アジアの島嶼地帯、台湾東部及び日本の南西諸島や五島列島などに分布している。島嶼型の小型のヤギをカンビンカチャン（Kambin Katjang）と呼んでいる。

地図で示したように、ヤギはインドを経由してマレーシア⇒インドネシア⇒フィリピン

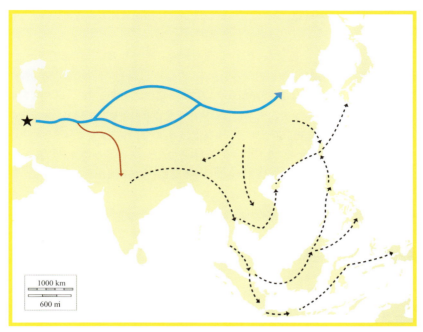

ヤギの伝播経路の想像図（万年、2004）をもとに作図

と北上していくが、奇しくもこの3国では、ヤギのことをカンビン、串焼きのことをサテといい、サテ・カンビンと称するヤギ肉の串焼きがある。このルートとの関連を強く示唆している。

台湾は2系統の交差点

台湾在来のヤギには2種類あり、一つは中国種に属し、多くは黒色腫であるが、褐色も見られ台湾全土に分布する。他の一つは褐色、白色、黒色の3毛色を有し、フィリピンから伝来したと考えら、紅頭嶼のみに飼養されている。紅頭嶼は台湾の東南沖太平洋上に浮かぶ小島で現在は蘭嶼（ランユ）と呼ばれている。この島には3000頭以上の家畜ヤギが飼われており、野生化したヤギも多いといわれている。島の住人はタウ族と呼ばれる先住民で容姿はフィリピン人に近い。彼らの伝説によるとヤギの伝来には二つの説があり、一つはフィリピンの最北端のパタン島から伝来した説と他の一つは祖祖父の幼児時代、マニラから汽船に乗ってきた紅毛碧眼の人が持ち込んだ説である。

2003年、蘭嶼のタウ族及び台東市山中のブヌン族のヤギ料理の調査で現地を訪れた際、蘭嶼では黒色の大型ヤギ、台東では褐色の島嶼ヤギを見かけた。他の研究

者の説や著者自身が確認したことを踏まえると、この伝来経路の仮説を支持するものである。

琉球へのヤギの伝来

琉球王国の大交易時代は 14 世紀から始まり 15 世紀には隆盛を極め、盛んに東南アジアの国々と交流していた。それに伴い褐色系統のヤギが東南アジアから伝来した。また、その当時琉球王府は明国へ進貢していたので、中国大陸から黒色や灰色系統のヤギが伝来したと考えられている。これらのことから琉球へのヤギの伝来は、15 世紀ごろ中国大陸や東南アジアから、台湾を経由して伝播したと考えられる。

日本への伝来

ヤギの日本への伝来についての資料を見てみよう。山根章弘氏の『羊毛の語る日本史』には、日本の文献に次のように散見されると記載されている。

　……中国の後漢の時代（二五年～二二〇年）に書かれた『後漢書』や『三国志』などには「当時の日本（倭国）は、稲や麻を植え、養蚕をして絹を作っているが、牛、馬、虎、羊はいない」と記されている。――中国には羊がいたから、羊の角と脚の象形文字から、中国人は「羊」の漢字を作り出したのであった。

日本の文献で「羊」の文字が出てくるのは『日本書紀』が最初である。

「推古天皇七年（599 年）秋九月、百済、ラクダ一疋、うさぎうま一疋、羊二頭、白雉一隻をる」。また、『日本紀略』には「嵯峨天皇弘仁十一年（810 年）五月、新羅人、李長行ら、殺黐（これき）羊二、白羊四、山羊一、鸞二を進む」などとあるが、ここで「羊」とあるのは、現在の「ひつじ」のことではなくて「山羊」のことだった、というのが、定説のようである。朝鮮半島にあった国や中国の地から、時たま、朝廷に珍獣が献上されたのだが、その山羊すら一般の人々の目に触れることは、ほとんど全く無かったもの、と見てよいであろう。

『倭漢三才圖會』（1712 年）巻 37 畜類より

当時は一般庶民の活動範囲など歩いて廻る程度であったから、珍獣が外国から献上されてもそれを見る機会も少なかったし、献上された貴重品を果して朝廷が庶民に公開したのかも疑問であり、それを見る機会はほとんどなかったのではないだろうか。

また、図には羊と書かれているものの、その絵は明らかにヤギである。このことからもヒツジとヤギは混同されていたと見てよいのではないか。

この文から日本にヤギが伝来したのは6世紀後半から9世紀前半と思われる。しかし、これは現在のパンダやコアラと同様な珍獣としての取り扱いであり、家畜としての立場でないことは容易に察することができる。

家畜としてのヤギの導入

それでは家畜としてヤギが日本に導入されたのはいつのことであろうか。岡田章雄『文明開化と食物』のなかで、「羊の名称は古くから知られていたが、その動物が毛を剪るために、肉を食べるために、または乳をしぼるために飼育されるということは、明治以前にはほとんどなかった。わずかに長崎で、唐人またはオランダ人が舶載して飼っていたことはあったようである。」と述べ、安政三年（1856年）下田に来たアメリカ領事タウンゼント・ハリスがヤギを飼うようにアドバイスをするくだりを紹介している。

> その火山性の高地が山羊の飼育に適していることを知って、山羊がこの地に移入されていないのは惜しいことだ。これらの高地は山羊のための立派な放牧地となるし、山羊の登攀性からみて、彼らのための居心地のよい場所となるであろう。山羊の乳は栄養に富む食料となるし、チーズもそれから造られる。そしてこのことは、日本人が獣肉を食わないとしても、彼らにとってそれを飼う一つの目的になりうるであろう。

ハリスはこのように日記に記しており、役人との交渉にも、このことを主張したようである。役人はハリスのこの質問に対し、「（ヤギは）当表はもちろん近国にも一切これなく候」と答えている。

このように、当時の日本ではまだヤギの姿は見当たらない。

Keyword #5

沖縄におけるヤギのあゆみ

戦前のヤギ事情

沖縄県におけるヤギの飼養頭数が県の統計に表れたのは、廃藩置県の翌年の1880（明治13）年である。国の統計表には1889（明治22）年から掲載されている。同年における沖縄県のヤギの飼養頭数は4万9444頭で、全国の飼養頭数5万8694頭の84％を沖縄が飼養している。

飼養頭数は明治から大正にかけて次第に増加し、1925（大正14）年には10万8859頭に達している。同年における全国の飼養頭数は16万8265頭で、沖縄は全国の65％を占めている。このように、沖縄では全国に先駆けてヤギの飼養が盛んに行われていたことがわかる。ちなみに1925（大正14）年における県内のヤギの飼養戸数は4万10戸で、1戸あたりの平均飼養頭数は2.7頭となっている。

昭和に入ってもヤギの飼養頭数は増え続けており、1926（昭和元）年のヤギの飼養頭数は11万8526頭で全国の66.2％を占めている。さらに1936（昭和11）年には15万5198頭を数えるまでになり、史上最高記録を達成することになる。その年

明治・大正・昭和初期におけるヤギの飼養状況（単位：頭）

年	沖縄の飼養頭数	全国の飼養頭数
1889（明治32）年	49,444	58,694
1905（明治38）年	57,760	72,121
1911（明治44）年	75,704	100,081
1919（大正8）年	90,321	128,504
1925（大正14）年	108,859	168,265
1929（昭和4）年	141,767	215,439
1936（昭和11）年	155,198	292,215
1944（昭和19）年	135,246	387,219

沖縄は、『沖縄の山羊』（渡嘉敷綾宝）を、全国は『沖縄県畜産史』（當山眞秀）を参考にした。

のヤギの飼養戸数は5万6441戸で、1戸あたり平均2.7頭飼養している計算になる。地域別にみると、ヤギの飼育の最も盛んなところは島尻郡で、3万9003頭（36％）が飼育されており、次いで中頭郡の3万3657頭（31％）となっている。
饒平名知市「畜産業」（『戦後農林水産業の歩み』）によると、

> 昭和12年における農家100戸に対するヤギの飼養戸数を全国平均と比較した場合、全国2.8戸に対して沖縄県は59.3戸で、全国の21倍にあたり、沖縄県では過半数の農家がヤギを飼育している計算になる。
> また、農家100戸に対する飼養頭数は、全国平均5.3頭に対して沖縄県は157.4頭で全国の30倍となっている。
> さらに耕地100町歩に対する飼養頭数は、全国平均4.8頭に対して沖縄県は240.1頭で全国の50倍となっている。

いかに沖縄で多くのヤギが飼われていたか一目瞭然である。ヤギに関し、沖縄が特異な存在であることがわかる。
しかし頭数は多いものの、1926年以前の在来ヤギは15キログラム前後の小柄で、肉の歩留まりが低く経済的価値は高くなかった。そのため、主として長野県から日本ザーネン種を導入し、累進交配により改良が行われるようになった。沖縄県種畜場は農家のヤギに対し、日本ザーネン種の交配を奨励した。その実績は、1926年～1942年までの17年間に1748頭に及んでいる。また、同種畜場では17年間に生産したザーネン種の種畜229頭を農家へ配布している。
『行政史十二巻』によると、ヤギ1頭あたりの平均肉量は昭和元年から15年までは6～9キログラム程度で、明治・大正期と変わらないが、16年から18年の平均肉量は11～13キログラムとなっており、これはザーネン種による改良の効果と思われる。
なお、屠畜税は7年当時、1頭につき豚が1円で、ヤギは20銭であった。ヤギ肉の販売価格は1キログラムあたり、メスが44銭、オスが43銭で、雌雄の価格差はほとんどない。これを牛肉や豚肉と比較すると、1キログラムあたり牛肉が66銭、豚肉が68銭で、ヤギ肉は牛肉や豚肉の3分の2程度の値段となっている。
ヤギの人工授精については、1943年に農林省畜産試験場長野支場の技術陣が来沖して実施している。このように日本ザーネン種の累進交配により、在来ヤギの体重は15キログラムから雑種三代で40～50キログラムに増加したと報告されている。
また、乳用としての改良も進み、1日1頭当たりの平均乳量は5～8合になった。それらの中には一升以上のものもいたといい、ヤギ乳は各地で乳幼児の栄養補給源

日本ザーネンの親子だよ!

として見直されるようになった。

このように、第二次世界大戦以前にも国頭村や宜野湾村(現・宜野湾市)などの一部地域においては、泌乳成績優良なヤギが飼育され、ヤギ乳は利用されていた。しかし、在来ヤギは乳の利用はなく、もっぱら肉利用と厩肥(きゅうひ)生産が目的であった。

ヤギ乳は戦時下および終戦直後、最も入手しやすい栄養源で、県民に貴重な動物タンパク質の補給源として栄養改善に貢献した。しかし、ヤギ乳は県民に広く普及することはなかった。県民の嗜好に合わなかったことが理由といわれている。

さて、昭和初期におけるヤギの生産頭数(出生数)は毎年4万頭余に上り、昭和7年から11年までは5万頭以上を記録している。しかしながら16年以降は次第に低下の傾向を示し、3万頭台に落ち込んでいくのである。

斃死(へいし)頭数は生産頭数の増加に伴って増加の傾向がみられる。その最も多いのは昭和13年の4798頭で、同年の生産頭数4万2513頭の11.3%にもなっており、経済的損失はかなり大きいものと考えられる。

一方、ヤギの屠殺頭数は昭和4年までは7000頭以下であるが、同5年にはいきなり1万7412頭となり、同6年以降は2万頭を超え、同12年には4万1424頭に達している。当時は屠殺場に持ち込まない、いわゆる「自家用屠殺」が多かったので、統計に表れなかったと思われるが、昭和9年から13年にかけての3〜4万頭の屠畜頭数は、その実数に近いものと思われる、と渡嘉敷綏宝らは述べている。

戦時中のポスターに「ヤギは食っても皮残せ、皮一枚も皇国のため」という標語があった。ヤギ皮は当時、貴重な皮革原料であった。その戦時中のヤギに関するエピソー

ドとして、平成10年3月10日付の沖縄タイムスに面白い記事が掲載されている。

> 僕らの中にも戦意昂揚というのは新聞記者の使命じゃないか、というようなことがありましたのでね。いっぺん「日の丸山羊」という記事を送ったことがありますよ。どこかの村で山羊が生まれた。山羊の毛は白いですね。ところが腹に斑点がある山羊が生まれて、それが丸い形をしているというので「日の丸山羊で吉兆だ」という記事を書きました。

当時はすべて戦争に結びついていたことがわかる。皮肉にもヤギはその意味でも大いに社会に役立ったのである。

第二次世界大戦後
沖縄県における1944年のヤギの飼養頭数は13万5246頭となっており、改良は順調に進展しつつあった。
しかし、今次大戦でヤギなどの家畜は壊滅的打撃を受け、1946（昭和21）年には、沖縄のヤギの飼育頭数は1万758頭、その内訳は沖縄群島6475頭、宮古群島4283頭となっており、八重山群島については不明である。
そのため、アジア救済連盟［Licensed Agency for Relief in Asia（LARA）］は、1948年にハワイで沖縄県にヤギを贈る運動を展開し、1948年から1949年にかけて、ザーネン種、トッケンブルグ種、ヌビアン種、アルパイン種など計2867頭の乳用ヤギが寄贈された。これにより1949年には4万9067頭、1950年には6万5390頭と飼養頭数は漸増し、1956年にはピークの9万6380頭に達する。
1947（昭和22）年には沖縄全体で2万2587頭（沖縄群島1万954頭、宮古群島9522頭、八重山群島2111頭）となっており、前年に比べ1年で倍近い増殖を示している。大戦で壊滅的な打撃を受けた沖縄のヤギであるが、県民のヤギに対する愛着は強く、急速にその数を増やしていくのである。
1950（昭和25）年のヤギの飼養戸数は沖縄群島2万5541戸、宮古群島7810戸、八重山群1890戸、飼養頭数は沖縄4万6196頭、宮古1万5644頭、八重山3550頭、3群島で6万5390頭となっている。総頭数に占める割合は沖縄群島69％、宮古群島25％、八重山群島6％である。この時期が戦後におけるヤギの飼養の最も盛んな時期で、昭和31年（1956年）には9万6380頭を記録している。

琉球政府はヤギの改良増殖を図るため、「優良乳用ヤギの普及」「種畜の育成」「技術の向上」「防疫の強化」の4つの方針をたて、その増殖を促進した。

これにより各市町村に乳用ヤギの増殖が図られたが、なかでも伊江村、名護町（現・名護市）、北中城村、真和志市（現在の那覇市真和志地域）、上野村（現在の宮古島市上野地域）では多くの乳用ヤギが飼育されるようになった。

琉球政府の「第一次振興5カ年計画」（1955、昭和30年）によるヤギの増殖目標は、乳用ヤギ3398頭、在来ヤギ7万9280頭となっている。

ヤギの増殖のため、27年から29年までの間に、本土から（昭和28年12月25日に奄美大島が日本に復帰したため、それ以降は大島からの輸入を含む）420頭のヤギが輸入された。関連し、当時の宮古のヤギについて、宮古畜産史編集委員会編『宮古畜産史』には次のように記載されている。

> 当時、山羊乳の飲用は行われていたであろうか。乳用は明治の末期から飼育されて搾乳用として利用されていたので、山羊乳も牛乳と同様に飲用として利用していたと考えるのが妥当であろう。（中略）昭和30年現在、飼育されている5000頭の山羊を、すべて乳用山羊に切り換え、各家庭の蛋白供給源を確保しようというのである。

このように宮古において、乳用ヤギに切り換えるため、伊江島や日本本土から、5年間にわたり、1万頭近いヤギの導入を図っている。しかしながら、この計画は残念ながら失敗に終わっている。この原因について、『宮古畜産史』は、次の三つの理由をあげている。

第二次世界大戦後のヤギの飼養状況（単位：頭、戸）

年	飼養頭数	農家戸数
1946（昭和21）年	10,758	
1949（昭和24）年	49,067	
1950（昭和25）年	65,390	
1956（昭和31）年	96,380	39,101
1960（昭和35）年	66,847	
1965（昭和40）年	51,162	
1970（昭和45）年	27,483	9,371

『沖縄県農林水産行政史 第一二巻』1982

ヌビアン系だよ！

(1) 食料不足時代とはいえ、ヤギ乳の嗜好性が合わなかった。
(2) 乳用ヤギとしての飼育管理が悪く、乳用種としての能力を十分発揮できなかった。
(3) 腰麻痺（脳脊髄糸状虫症）にかかって死ぬケースが多かった。

また、1960年代頃から乳用牛の飼養頭数が増加し、それにともない牛乳の消費が拡大した。そのため、ヤギ乳の利用度が低下した。しかし、これらの乳用ヤギは、在来ヤギと交配され、現在の沖縄肉用ヤギに遺伝的影響を与えている。

本二復帰後

1972年の本土復帰後は国内の一県として、動物検疫を受けることなく、本土から自由にヤギを搬入できるようになったため、個々の農家で種畜用として導入するものもいる。また、全国から廃用メスヤギやオスヤギを買い集め、トラックとフェリーを利用し、沖縄県に搬送する業者が、福岡県にいる。県内のヤギ料理店やヤギ飼育農家は、これらのヤギを買い取り1～2カ月間肥育した後、販売に供しており、その中で大型の個体を選抜し、繁殖に供する場合もある。

1999年に、JAおきなわ宜野湾支所ヤギ部会のグループが、オス2頭、メス9頭の南アフリカ共和国原産のボア種をアメリカ合衆国より輸入し、肉用ヤギの改良に取り組んでいる。一方、新たな乳利用を目指し、1999年に宮崎県からアルパイン種メス35頭、オス3頭を導入し、さらに2005年にニュージーランドからザーネン種メス3頭、オス2頭、ヌビアン種メス2頭、オス1頭、トッゲンブルグ種メス3頭、オス2頭を輸入し、乳用種として改良に取り組む農家もいる。

復帰時の1972年12月末現在におけるヤギの飼養頭数は3万2188頭（農家戸数9426戸）であったが、10年後の1982年には2万6674頭（6337戸）に減少している。

さらに、2002年には1万2987頭（1877戸）、2006年には9890頭（1482戸）と次第に頭数および農家戸数は減少の一途をたどっている。

本土復帰後のヤギの飼養頭数および農家戸数（単位:頭、戸）

年	飼養頭数	農家戸数
1972（昭和47）年	32,188	9,426
1982（昭和57）年	26,674	6,337
1992（平成4）年	17,070	3,018
2002（平成14）年	12,987	1,877
2004（平成16）年	11,763	1,678
2005（平成17）年	10,969	1,566
2006（平成18）年	9,890	1,482

1972年は、『沖縄の畜産』（1974、沖縄県農林水産部畜産課）、1982年は同（1984）、1992年は同（1994）、2002年～2006年は沖縄県農林水産部畜産課資料（2007）を参考にした。

Keyword #6

ヤギ肉とヤギ乳

「ヤギ肉料理」と銘打っての料理は世界的に見当たらないといわれているなかで、沖縄のヒージャー料理は世界に誇るべきレシピである。

日本においてはヤギ肉はソーセージなどの加工用として用いられるのが一般的で、一部は羊肉として市販されている。オスのヤギは前述したように特有のにおいがあるが、ヤギ肉を常食としている民族はこのにおいに慣れていて、むしろ好む傾向にある。このことも沖縄のヒージャージョーグー（ヤギ料理好き）と共通している。

日本人は一般的にこのにおいを好まないので、ジンギスカン焼のようにショウガやニンニクでにおいを消し、焼いて食べる。ヤギ肉の成分は羊肉、馬肉、牛肉などと大差はないが、脂肪が少なく、肉質は比較的かたい。

食用としてのヤギ肉は、中東の遊牧民族やヨーロッパ、アジアなど多くの国々で利用され、肉以外にも内臓や乳が利用されている。トルコ、エチオピア、インド、インドネシアなどは、ほかの食肉よりもヤギ肉を好むようである。

私もインドに滞在中（1972〜1974年）しばしばヤギ肉のカレーを食べていたが、なかなか美味いものであった。

ヤギ乳は牛乳とほぼ同様の栄養価を有するが、牛乳に比べて脂肪球が小さいので消化しやすく乳幼児や病弱者には好適である。ヤギの乳脂肪はカロチンを含まないので白色であるが、ビタミンＡ含有量は牛乳に劣らない。また、ヤギ乳はタンパク質の構成が牛乳より人の乳に似ている。

フランスやギリシャ、トルコではヤギ乳を利用したチーズがある。

ほ乳中の母子ヤギ

Keyword #7

家畜ヤギいろいろ

最古の農村文化遺産といわれるヨルダンのエリコ遺跡からは、家畜のヤギと推定される骨が出土しており、紀元前7000年ごろには既に家畜化がなされたと考えられている。現在飼育されている家畜ヤギは肉用目的のものが最も多く、次いで乳用種、毛用種となっている。

ジャムナパリ種

インド原産の乳肉兼用種

ジャムナパリ種（Jamunapari）は大柄で、被毛は黒色、白色、黄褐色あるいはそれぞれのまだらなど多様である。有角で、長い垂れ耳が特徴。

ボア種

肉用ヤギとして世界で活躍

ボア種（Boer）の特徴は白色に頭頸部や臀部が茶褐色で、有角、肉髯はなく垂れ耳である。成長が早くて肉の歩留まりもよく、どっしりしていて、世界各地でローカルヤギと交配され、肉用種の改良に貢献している。1999年に沖縄肉用ヤギの改良のためにアメリカから導入され、次第にその数を増やしている。

アルパイン種

アルプス原産の乳用種

アルパイン種（Alpine）は背中にたてがみのような毛があり、大きさはザーネン種に近い。季節繁殖で、有角、無角あり。毛色は茶色や黒色、白色などさまざまである。

家畜ヤギの飼養頭数は、国際連合食糧農業機関（ＦＡＯ、2003）によれば、世界で4億7000万頭となっており、9割がアジア・アフリカ地域で飼われているが、その大部分はあまり改良の進んでいない肉用種である。

ザーネン種

白ヤギといえばこれ

乳用種としては、ヨーロッパ系の改良種が多く、最も有名な品種としてザーネン種（Saanen）がある。スイスのザーネン渓谷の原産で、被毛は白色、無角であごの下に肉髯がある。イギリスで改良されたブリティッシュザーネン種、日本で改良された日本ザーネン種がある。沖縄の在来ヤギは日本ザーネン種によって改良された。

アンゴラ種・カシミア種

毛用種として知られる

毛用種としてはトルコ原産で、モヘアを生産するアンゴラ種（Angola）と冬毛が高級織物の原料となるカシミア種（Cashimere）が有名である。この他皮革の利用も盛んで「キッド」と呼ばれ、手袋や防寒衣料などに使われる。（『日本大百科全書23』参照）
写真提供：鹿児島大学　中西良孝教授

ヌビアン種

垂れた耳がかわいい

ヌビアン種（Nubian）は、アフリカ原産であるが、イギリスで改良された無角で垂れ耳が特徴。毛色は茶や灰色など変異が多く、斑紋のものもある。乳は脂肪球が小さく、消化が良いので、飲用乳として優れている。

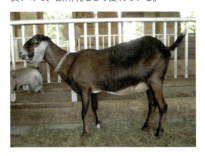

トッケンブルグ種

スイス原産の乳用種

トッケンブルグ種（Toggenburg）はスイス原産で、毛色はチョコレート色、有角で目の上から鼻にかけての2本の白線が特徴。

ヤギとヒツジ

ヤギはウシ科ヤギ亜科ヤギ属に属しており、牛と同様にひづめが二股に分かれていること（偶蹄）、胃袋が四つからなる反芻胃を有することなどの特徴を備えている。ヒツジもこの仲間に属しており、ヤギとは近縁のため、しばしば双方は混同されることがある。

ヤギはヒツジに比べて頸が長く頭部が高く位置しており、オスメスとも角があるものが多い。性質は活発で動作は敏捷、高い場所へ上がることを好む。食性は樹葉の嗜好性が強く、新芽や低木を食害するうえ、高い木の枝に上って葉を食べることもあるので、植生の乏しい場所や小さな離れ小島などで過放牧すると、たちまち土地を荒らしてしまうこともある。群れをなし、まとまって行動するが、ヒツジほど群居性は強くない。ヤギとヒツジの主な相違点は次表の通りである。

ヤギ

ヒツジ（出典：Wikipedia）

	ヤギ	ヒツジ
身体の構造	体つきは角張っており鼻筋は真っすぐで、首は細くて長い。四肢は長く、丈は高い。ヒツジのような分泌腺がない	体つきは丸みをもち、鼻筋はやや隆起する。首は太く短い。四肢は短く、丈は低い。眼下、指間、鼠径部などに脂肪分泌腺がある。
角	鎌形の角を有するものと無角のものがある。無角のものは角の位置に骨瘤(こつりゅう)がある。	らせん状の角を有するものと無角のものがある。無角のものには骨瘤はない。
あごひげ・肉垂	あごひげがあり、肉垂のあるものがある。	両方ともない。
被毛・皮膚	皮膚はやや粗剛で、被毛は粗毛で覆われる。	皮膚は薄く柔らかく、脂肪が多い。被毛は綿毛で覆われる。
尾	短く、健康なものは上向きか水平。	長く、下に垂れている。通常、断尾(だんび)する。
性質	活発ですばしこい。	柔和でおとなしい。
雄の体臭	ヤギ独特の体臭があり、特に繁殖期に異臭が強い。	異臭はない。
雌の性周期	20日〜22日で、陰部の腫脹などの兆候は不明確。	16日〜18日で、陰部の腫脹などの兆候は明確。
飼育の目的	乳、肉	毛、肉
餌の嗜好性	草よりも樹葉を好む。	草を好む。

【『世界大百科事典 30』(平凡社)参照】

第二章

WELCOME
TO
Goat Paradise Okinawa

ヒージャー飼育中
われら、ヤギ農家！

一口に沖縄といっても、北は伊平屋島・伊是名島から南は波照間島・与那国島に至る距離は果てしなく長い。沖縄本島といえども北部と南部では距離があり、ヤギの飼い方にも違いがあるかもしれない。

↓

ヤギを飼っている人たちに話を聞いてきました。

県内5つの地域
北部・中部・南部・宮古・八重山の、

リーダー的な存在のヤギ飼いや団体に
スポットを当てて、

飼い方や哲学、経営方針について聞きました。

沖縄のヤギ文化を支えているのはどんな人たち？

それぞれの地域に特有の個性はあるのか？

> 北部地域

ヤギ肉・乳製品や関連グッズの開発にかける

本部町字伊野波 310
農業生産法人　株式会社もとぷらす

パワフルな女性社長

比嘉みどりさんの名刺の肩書には代表取締役と記されている。見るからにパワーが溢れている。比嘉さんに案内してもらった本部町具志堅の放牧場は小学校のグラウンドをさらに広くしたところでヤギたちは自由に草を食んだり、座ってゆったりと反芻している。この風景良いですね。

ヤギ汁 1200 円
ヤギ刺し 1000 円

反骨精神から

岸本さんはヤギの飼育とヤギ肉加工が担当だ。ヤギ肉は刺身とヤギ汁のレトルトパックを製造・販売している。

岸本さんは生まれも育ちも本部、お父さんは養豚業を営んでいたので幼いころから家畜と接してきた。そのような環境の中でヤギに興味を抱いたのは、父親に「ヤギで成功した人はいない」と言われ、反骨精神からヤギと関わるようになった。

新商品にも熱意

もとぷらすでは牧場の他にもヤギミルク入りクッキーや可愛らしいヤギのカット入り日本タオルなどを商品化しており、今後も新商品の開発に挑戦したいと抱負を語った。もとぷらすでは 3 カ所でヤギを飼育している。
本部町具志堅の「田空の駅 ハーソー公園」では、レストランを併設し、沖縄そばやゴーヤーチャンプルーなどの郷土料理の他、牧場で育てた自家産ヤギ肉を使ったヤギ汁やヤギ刺しを提供している。牧場部門責任者の岸本清洋さん（1968 年生まれ）とは、顔見知りだったので取材依頼を快諾してくれた。

ヤギ刺しのカットに精を出している最中だったが、岸本さんは丁寧に応対してくれた。スジを丁寧に取り除き、200g ずつにカットして真空パックにする。

ヤギたちと照屋さん。
飼われているヤギはザーネン系が主で約50頭。
健康的なヤギたちは私たちが訪問すると、興味津々で首を長くして近づいてくる。

訪問した日は、名護市食肉センターで屠畜したヤギの枝肉を引き取り、加工場でカットする段取りになっていた。

「今、最も大きな課題は？」との問いには、即座に「屠畜料が高すぎる」とこたえた。名護市食肉センターでヤギを屠畜して半丸（枝肉の半分）にするだけで8060円、骨抜きまで頼むとさらに3000円が加算されて1万1060円、ガソリン代や諸費用を含めるとトータルで1万5000円程度になる。せめて5000円ほどにならないかと希望を語った。

伊豆見の牧場へ

照屋智也さん（1972年生まれ）は牛、豚、薩摩地鶏などを飼っていたが2年前から（株）もとぷらすの傘下に入り牧場でヤギの飼育を担当している。

本部町山里のヤギ舎は、伊野波から山道を登り15分ほどのところにある。近隣には人家は全く見当たらず、ヤギを飼うには申し分のない場所で、補助事業によって建てられたヤギ舎は乾燥し臭いもなく近代的で清潔だ。何にでも興味を示すヤギの表情に思わずほほが緩む。このように好奇心旺盛なヤギの表情は、セラピー動物として未知の可能性を秘めていると思われ今後の研究が待たれる。

次いで案内されたのは伊豆見の牧場。ここも案内されなければたどり着けない山奥だ。アスファルトの舗装が途切れた山道を上って行くとやがてヤギ舎が見えてくる。伊豆見のそれに比べるとかなり年期が入っている。ヤギは3か所で飼われており、本部町山里で50頭、同伊豆見で80頭、さらに具志堅のふれあい牧場で20頭ほどが飼われている。主に青草を給与しているが、オリオンビールからビール粕を購入し、適宜給与している。

牧場の入口には看板が立てられている。牧場内に積まれた堆肥はバイオマス肥料に。

北部地域

重機のオペレーターからヤギ飼いへ

今帰仁字玉城48番地

真栄田義盛さん

働き者のヒージャー飼い

真栄田さん（1943年生まれ）はもともと今帰仁村天底の出身である。

長年、重機のオペレーターとして活躍していたが、その当時からヤギを50頭ほど飼っていた。「オペレーターをしながら50頭ものヤギを飼っていたとはどういうことか」と訊いたところ、山林などの開発が主な場所だったので、出勤途中や昼休みにせっせとヤギの飼料となる野草や木の葉を刈っていたそうである。

なかなかの働き者だ。

新商品にも熱意

重機の操縦は危険を伴うので20年ほど前にやめ、現在の場所にヤギ小屋を建てヤギ農家として再出発することとなった。50頭ほど飼っていたヤギはすべて売却し、ヤギ小屋の建築資金に充てた。嘉手納弾薬庫の資材置き場から古い電柱を購入し、自力でヤギ小屋を建築したというから凄い。さて、ヤギ小屋はできたがヤギを購入する資金が足りない。結局1頭から始め現在は繁殖メスヤギを中心に40頭ほど飼っている。

\ 骨格がすばらしい！ /

以前、エサとしてもらったカズラや芋を与え、ヤギを全滅させた経験があり、それ以降粗飼料には気を付けている。夏場は近隣で野草を刈って与えているが、冬場はどうしても足りないので乾草を購入し給与している。繁殖メスヤギには配合飼料を給与している。

青草のほかには購入した乾草も与えている。

島ヒージャーにこだわる生粋の畜産人

今帰仁村字今泊 1663-1

みーつぴんざ牧場　宮城正男さん

退職後に牧場を経営

牧場の周囲には人家は全くなく、1軒だけ朽ちかけたセメント瓦の家が見えるが、人は住んでいない。静寂の環境だ。「みーつぴんざ」とは、宮古の方言で3匹のヤギとのこと。宮城正男さん（1951年生まれ）は琉球大学農学部畜産学科を卒業し、35年以上にわたって県庁の畜産関連の職場で活躍してきた生粋の畜産人だ。退職後はヤンバルで家畜を飼いゆったりした生活を夢見ていた。

島ヒージャーへのこだわり

千坪の面積にはシークヮーサーの木が200本もあって、これらもすべて込みで現役中に土地を購入したというから羨ましい。現在は黒毛和種の繁殖牛4頭、ヤギが16頭、鶏が約25羽を飼いながら悠々自適だ。ことのほか島ヒージャーに興味を持っており、以前、伊江島出張のおりに見かけたつがいを購入したのを皮切りに、現在の16頭はすべて島ヒージャーである。小柄で、経済的効率の悪さから淘汰されてきた島ヒージャーにどうしてこだわるのか、聞いてみた。

復活を夢見て

すると宮城さんは、「アグーも同じようなことで絶滅の危機に瀕したが、一部の有志によって復元され、現在の隆盛を見るに至っている。いずれ島ヒージャーも必ず見直される日がやってくる。その時に島ヒージャーらしきヤギがいなければ復元することはできない。そのために損得抜きで島ヒージャーにこだわっている」と話してくれた。こういう人は世の中のために必要である。

島ヒージャーの形質を色濃く残す。一目で親子とわかる2匹も。

子供たちもヤギが大好き

自然児の宮城さんはこの場所が大のお気に入りで、コンテナにクーラーを装備し寝泊まりしているが、八重瀬町には立派な住宅がある。奥さまは豊見城市で保育園を共同経営しているそうで、宮城さんは普段ここで独身生活を楽しんでいる。子ども2人はそれぞれ独立して孫も3名いる。ヤギを飼っているもう1つの理由はお孫さんや近くの子供たちが遊びに来ることだそうだ。

この日は大きなパパイヤ2個、100%シークヮーサージュース原液を土産にいただいた。

北部地域

ヒージャーで元気な一家

名護市

安村勲さん・安村正也さん

親子そろってヤギが生きがい

安村勲さん（1951年生まれ）は、拙著『沖縄のヤギ〈ヒージャー〉文化誌』で紹介した安村富夫さん（1923年生まれ、95歳）の長男である。富夫さんはご健在で毎朝ヤギの草刈りを手伝っているというから凄い。やはりヤギにより生きがいを感じているようだ。勲さんは男4人、女4人の長男として生を受けている。富夫さんの影響もあり、勲さんと3男の正也さんはヤギの飼育に携わっている（最近、次男も喫茶店経営の傍ら実家のヤギ小屋を借り受けヤギを飼い始めている）。

富夫さんは95歳！

長男の勲さんは30頭のヤギ飼い

勲さんは幼いころから父親と母親が管理するヤギの世話を手伝っていたので、ヤギとのお付き合いは60年近くになる。若いころは那覇で液化ガス関連の仕事に就いていたが、昭和45年頃故郷の名護に戻り、ヤギを飼うことになった。現在は富夫さんのヤギ小屋を引き継ぎ30頭ほど飼っている。

濃厚飼料を使わないこだわり

毎朝の草刈りに精を出すのが日課。農薬が使用されていないかを確認のうえ慎重に刈ってくる。勲さんはヤギには濃厚飼料を一切給与しないというポリシーがある。そのせいかヤギの内臓や消化器は発達し病気はほとんどないという。読谷や糸満のヤギ農家との交流があり売買も盛んに行われている。ヤギ肉の注文が県内や県外から週に2～3回あり、奥様と2人でその準備に忙しい。

三男の正也さんは40頭

安村正也さん（1961年生まれ・名護市）は前出の勲さんの弟で富夫さんの三男。
15～6年前に親から譲り受けた2匹のヤギがきっかけで、ヤギと関わることになった。現在、40頭ほどの自家生産したヤギを飼育している。畜舎は2カ所にあり、1カ所はかなり年期が入ったヤギ舎で床にはたっぷりの敷き藁が敷かれた平飼い方式である。

正也さん手作りの乾草ロール

子ヤギのときに去勢をおこなう

正也さんのこだわりは、1～2カ月の子ヤギの時に輪ゴムで去勢をすることである。
沖縄のヤギは玉が珍重されるので滅多に去勢はしないが、彼は去勢をしなければ3カ月のオス子ヤギが勝手に交尾するので、それを防ぐために早めに去勢をするとのこと。
正也さんのヤギ飼育の大きな目的は堆肥を得るためだ。彼は国頭村に8000坪のシークヮーサー農園を、名護市に5000坪の採草地を持っており、堆肥はいくら生産しても追い付かないそうだ。
採草地にはトランスバーラーが植えられており、ハーベスターで刈り取ってヘイベーラーで300kgほどに梱包している(下記解説参照)。それは自分のヤギのエサにするとともに養

正也さんとなぜか遠巻きのヤギ

牛農家やヤギ農家にも販売している。他の1カ所は、かつて乳用ヤギを数十頭飼育し、アイスクリームなどを製造販売していたGファームであるが、規模縮小に伴い空いた畜舎を借りて10頭ほど飼育している。

ヤギ舎は近代的な外観で、中も明るくて清潔だ。

トランスバーラー
アフリカ原産で暖地型の多年生牧草。栄養価と生産性のトータルバランスに優れており、ヤギの嗜好性もよい。

ヘイベーラー
刈り取って寄せ集めた干し草やワラのような作物を圧縮・梱包し、紐で結束するために使う機械。

長男の勲さん

北部地域

ピージャーオーラサイの仕掛け人

本部町字瀬底 404

仲田　亘さん

「ディー、カキティンダナ！」

瀬底生まれ瀬底育ち。木材、新建材、システムキッチンなどを扱う有限会社ナカタ商会の相談役で、本業のかたわらで瀬底山羊組合の会長を務める。ピージャーオーラサイの仕掛け人として有名だ。もとは本部町役場の職員だったが、55歳で早期退職し、瀬底島で農業をしながらヤギを飼い始めた。島には娯楽が少ないため、かつては野良仕事が終わり一息つくと青年らが集まり、車座になって酒を酌み交わすのが常であった。そんな時にオスヤギを持っている者同士が「ディー、カキティンダナ（サー、角を掛け合わせてみようか）」となり、自宅からオスヤギを引き連れてきてオーラセー（闘ヤギ）を始めたとのことだ。当時の瀬底島の世帯数は 150 戸ほどであったがそのほとんどがヒージャーを飼っていた。その数は約 300 頭。子供たちの誕生日、卒業式、入学式、棟上げ式など、ことあるごとにヒージャー会が行われていて楽しかったという。

仲田さんはヒージャーオーラセーが島おこしになるのではないかと考え、仲間たちにはかり、20年ほど前から「瀬底島ピージャーオーラサイ」を年2回開催するようになった。しだいに知名度が上がり、現在では中南部からもファンが大勢押しかける島の一大風物詩となっている。

ヤギのストレス軽減に

しかし「闘ヤギは動物愛護の精神に反するのではないか」と目の前でクレームをつけられたこともあるようだ。筆者は、牛やヤギ

角をぶつけあう！

仲田さんとオスヤギ

のオスが争うのは本能であり、レクリエーションだと思っている。沖縄の闘牛は長い歴史と伝統に裏打ちされた文化である。本来牛同士の決闘は自分の子孫を残そうとする本能に基づく必死の戦いであり、むやみに喧嘩はしないし、相手が死ぬまで戦うことはない。一方が尻尾を下げて逃げ出せば、それでおしまいだ。沖縄におけるヤギの飼い方は舎飼いが主である。狭い畜舎で係留されているので運動不足になり、ストレスがたまる。ときどき外に出してオス同士が角を掛け合わせるのは動物行動学的にも全く気にする必要はない。むしろ大いに戦わせてストレスを発散させてあげるべきである、と私は思っている。仲田さんも賛同してくれた。

北部地域

アイデアマンのヤギ飼い

名護市字久志 1316-1

比嘉増進さん

頑丈なヤギ舎

比嘉増進さん（1948年生まれ）は、自家生産した60頭ほどのザーネン系のヤギを飼っている。幼いころから父親が、牛、馬、ヤギを飼っていて、草刈りは増進さんの役割であった。だからヤギとのお付き合いは長い。最近、ヤギ泥棒が横行しており、出入口は頑丈に施錠するように作られている。全く物騒な世の中になったものだ。

高床式で、ふんは後ろからかきだす。

えさおけに注目！

感心したのはえさおけ（飼槽）だ。飼槽の前にはちょうつがいでつながれた板が張られて、給与時にはこれを畳んでエサを入れやすくし、食べている最中もこぼさないようになる。さらに飼槽の中には小さく区切った箱状の配合飼料入れを置いてこぼさないようにしている。合理的だ。訪れた12月はキビの梢頭部が豊富な時期で、チョッパーにかけ食べやすくし1日2回給与していた。県酪から育成用の配合飼料を購入して生後10カ月ほどまで与え、成長したヤギにはトウモロコシの圧片を1日1回。1袋20kg（1300円）を月4袋消費する。非常用や年末用にと乾草ロールが準備されていた。

ヤギ汁はメス、刺身はオス

苦労することは「出産後の母ヤギのケア」だという。子ヤギの下痢にも頭を痛めるが、生草から乾草に切り替えることにより改善が図られたそうだ。以前は「久志岳山羊料理店」を経営していたが、今は調理をせずに注文を受けた持ち帰りの用のヤギ汁や刺身だけを取り扱っている。オスとメスではどちらが美味しいかと訊いたところ、ヤギ汁用としてはメス、刺身用としてはオスと応えた。60頭ものヤギの販売は大変ではないかと思うが、金武や宜野座にはヤギ好きが多いらしく、ひっきりなしに注文が入るという。入学式シーズンや選挙期間中には間に合わないほど注文が入るという。

頑丈なヤギ小屋の前で

> 北部地域

舎飼いと放牧の合体方式を推進

伊是名村字仲田 67

伊禮正宗さん

数少ないヤギの人工授精師

伊禮正宗さん(1947年生まれ)の名刺には「家畜人工授精師」とある（下記解説参照）。しかも数少ないヤギの人工授精資格を持つれっきとした畜産人だ。伊是名村のヤギ農家を取材中に見つけて写真を撮りまくった。村内のヤギの飼い方は全て舎飼い方式だったので伊禮さんの舎飼いと放牧の合体方式を見た時にはなんといってもヤギの頭数の多さに衝撃。

頭数の多さにビックリ

夕方5時頃、日が暮れかかる間際だったが、車を止めてヤギの群れに近づくとメーメー啼きながら今にも牧柵を飛び越えそうな形相でまだ給餌されてないことがわかったので、飼い主が来るのを車を停めて待っていた。30分ほど待ったであろうか、やっと伊禮さんが軽トラックに配合飼料を載せてやってきた。待っていましたとばかりにヤギたちは一斉に伊禮さんのもとへ集まる。現在、2000坪の草地にトランスバーラー等を造成し、60頭ほど飼育中であるが、さらに1000坪を確保しヤギを増やしたいという。

首が抜けなくなっちゃった〜

えさの配合で分娩トラブルも改善

濃厚飼料はフスマ、バラカス、トウモロコシなどを独自に配合している。かつて分娩後に立てなくなるケースが見受けられたが、飼料のバランスを研究した結果、今はほとんど見られなくなったと話す。舎飼いと放牧を合体させた飼育方式については、畜舎に金をかけたくないこと、雨が降ればヤギたちは濡れないように自分たちで対策を考えるので気にすることはないという。合理的な考え方だ。伊禮さんの目標は島在住の約30名のヤギ農家を結集し、「ＪＡおきなわ伊是名支店山羊部会」を立ち上げ、伊是名ブランドのヤギを創出すること。喝采を送りたい。

> **家畜人工授精師**
>
> 家畜（牛、馬、豚、めん羊、ヤギ）のオスから人為的に精液を採取し、これをメスの子宮に注入し、優秀な子供を多数出産させる技術を持つ専門家。家畜別の免許になっている

北部地域

船員からヤギの道へ転身

伊是名村字仲田 101

伊禮 斉さん

ヤギ舎を新築中！

伊禮斉さん（1953年生まれ）。中学を卒業してのち、大型船や漁船で30年ほど船員として活躍したが、ときに海の仕事は恐怖との戦いであったそうで、「人間のやる仕事ではない」と話していた。

そして、15年ほど前からヤギを飼うようになった。現在飼っているのは4頭だが、これから徐々に増やしていきたいと考えており、ヤギ舎を新築中だ。

毎朝の草刈りに農業に

伊禮さんの畑からはキビが300トンも収穫されているが、他にも野菜畑を2カ所持っており、大根、ニンジン、タマネギなどを育てて副収入を得ている。

伊禮さんは毎朝6時に起床して、ヤギのエサの草刈りに余念がない。自分でハーベスターを運転してキビを収穫するので、キビ刈りのシーズンは特に忙しいという。ヤギはキビの葉をあまり好まないので与えていないそうだ。

木の葉やシロバナセンダングサなど、ヤギが好んで食べる野草の刈り取りに汗を流す働き者の伊禮さんであった。

次回のセリに出るよ！

ヤギ舎の前には野菜畑が広がる

きゅうけいちゅう

北部地域

ヤギ肉の味にこだわる

伊是名村字仲田133

浜里大志さん

伊是名へヤギ取材

伊是名の浜里大志さん（1937年生まれ）の一日は朝6時に起床し、旅館いずみ荘で朝食作りを手伝う奥様を送ることから始まる。いずみ荘は私たちが投宿している中川館と経営者が同じという縁で、そのオーナーにヒージャー飼いとして紹介してもらったのが浜里さんである。ちなみにこの取材の翌日、私たちはいずみ荘で朝食をとった

マウで野草談義

浜里さんはヤギのエサである野草を確保するためテレビの天気予報は欠かさず見ている。雨が降ろうと風が吹こうとエサは欠かすことができないので前日の夕方には翌日分を確保するようにしている。ヤギ舎を訪ねた時にはちょうど軽トラックの荷台に満載した野草を降ろそうとしているときだった。しばし、「マウ」という野草のことで談義をした。名護ではウーベー、和名ではノカラムシというが、沖縄各地でそれぞれの方言名があるようだ。このマウをヤギは好んでよく食べる。浜里さんは幼い頃から家畜の世話をしていたそうだが、牛や豚はあまり好きではなかっ

マウと浜里さん

浜里さん
こだわりのヤギ刺し

たために、父親が亡くなった後は好きな馬だけを残し処分した。そして馬車を購入し馬車挽の仕事に就いたが途中でやめ、そのあとは南大東島に渡った。5年間働いて、のちに島に戻ってきた。

ていねいなエサ作り

ブロック造りのヤギ舎はかつての牛小屋を改造したもので柵はヤギにやさしい木製だ。浜里さんはいずみ荘から出された野菜くずや残飯に配合飼料を加えて独自の濃厚飼料を作って与えている。だが、残飯にはつまようじなどの危険物が混入していることがあり、手探りでそれを除去するようにしている。だから浜里さんのヤギ肉は美味しいと評判らしい。中川館の冷凍庫には浜里さんが生産した貴重なヤギ刺しが保管されているが、量が少ないので特別の客にしか提供しない。幸いに私たちのグループにオーナーと知り合いがいて、ご相伴にあずかることができた。浜里さんの子どもや孫たちはその味が忘れられず、正月には必ず帰って来るそうである。

ヤギ刺しが取り持つ家族団欒。いいですね

> 北部地域

ヤギを飼うハブ捕り名人

伊平屋村字我喜屋 213599

名嘉恒夫さん

生粋のイヘヤンチュ

番地が6桁もあり長いが間違いありません。名嘉恒夫さん（1952年生まれ）は伊平屋に生まれ伊平屋で育った生粋のイヘヤンチュだ。親がヤギを飼っていたのでヤギとのお付き合いは長い。

現在は18頭ほどであるが、以前は40頭も飼っていた。訪ねたときには「白い母ヤギから白い子ヤギと黒い子ヤギの双子が生まれた」と珍しがっていた。他には90kg以上もありそうなザーネン系のオスヤギと島ヤギのオスも飼っている。伊平屋島ではときどき野生の島ヤギが捕らえられるとのこと。

白と黒の双子だよ

島のハブにお目にかかる？

島ヤギは家畜化されたヤギとはたしかに趣が異なる。毛色は黒と灰白色のブチ、小柄で眼光鋭く精悍な面構えをしている。

おとなりの伊是名島にはハブはいないが、伊平屋島はハブどころとして有名である。名嘉さんの特技はなんとハブを捕獲することだという。ハブも貴重品でかつては1匹1万2000円もしたが、現在は6000円、それでもいいサイドビジネスになる。捕らえたハブはプラスチックのケージに入れて、さらに簡単には開けられないようにチェーンをかけ、コンテナに入れ施錠して保管するという念の入れようだ。ハブを見せてもらったが、残念ながら寒さのためかコンテナの中で死んでいた。

島ヤギは眼光鋭く精悍な顔つき

名嘉さん（右）と津田さん

北部地域

昼はヤギ生産組合長、夜は居酒屋の店長

伊是名村字前泊603-4

津田隆一さん

初心者からすっかりベテランに

津田という姓は沖縄では珍しいから、何代前かの先祖が伊平屋に流れ着いたのであろうと話す。

本格的にヤギを飼い始めたのは、5、6年前のこと。2頭のヤギを譲り受けたが、そこからは戸惑いの連続だった。やれエサを食べない、下痢をしている、足腰が立たない、妊娠しているかなど、ことあるごとに私の携帯のベルが鳴った。

しかし今ではヤギ飼いのベテランになっており、今度は私が教わる立場だ。

バランスを考えて草を植える

現在、オス5頭、メス1頭を飼っている。特にボア種のオスがご自慢だ。それぞれ骨格がしっかりしており大型である。

エサになる野草の刈り取りは日課であるが、採草地には海岸に自生しているマメ科の野草やシロバナセンダングサ、千年木など植え栄養のバランスを考えている。

採草地にはいろいろな種類の野草が混ざっている。
栄養バランスへのこだわりだ。

ボア種のオス
いい面構えです

津田さんはヤギ飼いの他にいろいろなボランティアをしているが、居酒屋の大将としても忙しく、今以上ヤギを増やすのは困難なようだ。

ヤギ農家にも「島ちゃび」

10名ほどのヤギ仲間で組合を結成し、ヤギで島おこしをしようとアイディアを出し合い、役場へ相談に行くが全く相手にしてくれないという。JAもしかり。

キビ以外に産業らしい産業もない小さな離島で住民から要望を出しても取り上げてもくれないという悲しい現実に頭を押さえる。

例えばヤギを屠殺する場合においても、船と車によって名護市まで搬送し、屠畜場で解体後検査を経て再び伊平屋まで持ち帰らなければならない。このことによって、1頭3万円のヤギが伊平屋に戻って来るまでに

は6万円になるという。この時間的そして経済的損失は計り知れない。

今回私たちの訪問に際し、津田さんは「伊平屋のおいしいヤギ料理を食べさせてあげよう」と考え、前もって2頭のヤギを名護市食肉センターへ持ち込んだが、諸般の事情で間に合わなかったようだ。おかげで我々は伊平屋のヤギを食べそこなってしまったことになる。食い物の恨みは恐ろしいですぞ。

交付金利用で活路を探れ

このような無駄を省くために、伊平屋村に屠畜場の設置要望を出すがそれでも一蹴される。確かに屠畜場の設置は簡単にはいかない。だが、そうであれば次善の策として一括交付金を利用して輸送経費や検査手数料を補助すればいい結果が得られると思う。伊平屋ブランドのヤギを創出し、ヤギ汁やヤギ刺しを本島や本土向けに送り出すことも可能となる。今帰仁のセリ市に上場する場合も同様のことがいえる。(下記解説参照)

未来のために伊平屋ブランドを

伊平屋村に空港を開設するというニュースもちらほら聞こえるが、観光客の増加にそなえて、伊平屋ブランドのヤギを育成し、新しいヤギ料理を創出することも考えなくてはならない。

久米島町は今、一括交付金を利用して久米島ブランドのヤギを創出すべく事業を展開し

津田さんとご自慢のヤギたち

ている。ぜひ参考にしていただきたい。

伊平屋ムーンライトマラソンは年々盛んになっており、走者や応援団も多数来島するが、赤字になるようなヤギ汁は誰も出さない。分かり切ったことである。

ヤギを活用した子どもセラピー施設

また、私の構想のひとつにこういうものがある。自然豊かな伊平屋島に、登校拒否や自閉症、花粉症やアトピーで悩んでいる子供たちを全国から招いて、長期滞在可能な施設で生活をしながら、ヤギの世話、農業や漁業の体験を通して健康回復を図るものである。

ヤギの世話をさせながら、子供たちの健康を回復させる施設は全国にもないと思われる。このプロジェクトが実現すると伊平屋島はたちまち全国的に有名になる。子供たちが増え、保護者も島に滞在するので島の活性化の期待は大である。

村長さんぜひご一考ください。

ヤギのセリ

沖縄ではヤギのセリは以下のように行われている。

詳細はコラム「ヤギのセリ市風景を見学してきた」(114ページ)をご参照ください。

①**南部家畜セリ市場(糸満市字武富)**

年に6回、偶数月の7日に開催される。ただし、7日が土日に当たる場合は日程が前後する。

②**JAおきなわ今帰仁支店今帰仁家畜セリ市場(今帰仁村字仲宗根)**

年に4回開催(3月、6月、9月、12月)

中部地域

95歳の現役ヒージャー飼い

宜野湾市長田 2-5-1

米須清行さん

あれから10年、まだまだ現役！

最近、新聞を読んで、米須さんがご健在であることを知った。住所と電話番号を確認し、米須清行さん（1923年生まれ）宅を訪問した。10年ほど前、拙著『沖縄のヤギ〈ヒージャー〉文化誌』を上梓するさいにお会いしているのだが、その時にもすでに80歳というご高齢にもかかわらずヤギを飼育していることに敬服したが、今回はなんと95歳というからさらに驚いた。大きな屋敷に奥様と2人暮らしであるが、住宅の隣に長男夫婦と孫たちが住んでおり不便はない。

草刈りも毎日こなす

ヤギ小屋は自宅の庭に設置されており、オス1頭、メス4頭の計5頭を飼っている。草刈りは日々のルーティンワークで午前10時から12時まで欠かさず行っている。昼食後は昼寝を楽しみ、午後からはヤギのコンディションの観察とヤギとのコミュニケーションを楽しみながらゆったり過ごしている。
若いときには一晩で一升瓶を軽く空けるほどの酒豪であったが、今は奥様手作りの薬草酒をコップ1杯晩酌する程度だという。

毎日、愛車で草刈りに行く

ヤギのおかげでまだまだ元気！

日曜日には顧問を務める老人クラブの仲間とゲートボールを楽しんでいる。

スーパーおじい米須さん

ヤギの飼料運搬用の軽トラックと軽乗用車を2台所有して自分で運転している。ヤギ小屋の前には50坪ほどの畑があり、ジャガイモや葉野菜などを栽培していて、米須さんは耕運機で畑も耕すスーパーオジーである。相当の体力がいると思われるが、米須さんにとっては少しも負担を感じておらず、むしろ楽しんでいる様子がうかがわれる。
頭髪は白髪と十分に残る黒い毛でふさふさ、とても95歳とは思えない。
私はかなり耳が遠くなって補聴器をつけているのだが、米須さんはメガネや補聴器の世話にもなっていない。さすがに歯は総入れ歯というが、90歳を越えるというのに健康状態はすこぶるいいようだ。
宜野湾市長田の老人会（かりゆし会）の顧問を務めておられ、会員からは健康の秘訣をよく訊かれるが、米須さんは茶目っ気たっぷりに、「毎日、ピックアップ1台分の草を刈

って、ここに運んできたら私のように健康になる」と答えているそうである。

ヤギの医者はだし
米須さんが住む長田界隈も人口が増えていって市街地になるにしたがい、1980年代頃から養豚はできなくなった。今はもっぱらヤギを飼育している。

米須さんには、長いヤギ飼いの経験に基づくポリシーがある。「ヤギの具合が悪く獣医に診てもらったが治らないので診てくれ」というヤギ仲間からの依頼がたびたびあって、看るとヤギは元気消失してうずくまっている。とっさのひらめきで「農薬に汚染された草を与えられた」と判断し、ラードをスプーンで給与したら、しばらくして回復した。

また、乳房炎で熱く膨れ上がったメスヤギの乳房にアロエを塗って回復させたり、獣医師である私も参考になるお話をたくさんおうかがいした。これからも米須さんには

天然の枯れ木を使ってヤギのオブジェを作り、庭に放牧。遊びごころが元気の秘訣

長生きしてもらい、私たちに多くの体験談を聞かせてほしいものである。

後日談でもビックリ！
後日、天気も良かったので米須さんを訪ねたところ、なんと1人で新しいヤギ小屋を建築中だった。柱を埋めるため、スコップで穴を掘っているじゃありませんか。びっくりしましたね。

壁や屋根は専門の大工に任すが、柱は自分で建てると意気込んでいた。

それからさらに1か月後、ヤギ小屋が気になったので見に行った。完成していました。立派なヤギ小屋が。米須さんはちょうど畜舎内の掃除をしているところだった。帰り際、「ウンジョウ130マデー大丈夫ヤイビーサー（あなたは130歳までも長生きしますよ）」と言ったところ、「インナガアンイイセー（皆がそう言うよ）」と高笑いした。

米須さんは受賞歴も多い。ヤギや豚の飼育によって獲得した数々のトロフィーの前で

畜舎内を掃除する米須さん

どうだ、いいだろうと自慢げな表情だ

中部地域

ヤギたちとお散歩しませんか

うるま市勝連比嘉 422

清ら海ファーム　外間昇さん・晴美さんご夫妻

浜比嘉島のヒージャー体験

ゴールデンウィークの最中、心地よい快晴に誘われ海中道路と浜比嘉大橋を渡って浜比嘉島を訪ねた。集落のはずれにある小高い丘のふもとに、緑に囲まれた清ら海ファームに到着。いただいたパンフレットには「ヤギとお散歩しませんか？」と書かれている。いわゆる体験プログラムである。2つのコースがあり、1つは遊牧山歩き《山コース》、他の1つはヤギさんとお散歩《海コース》となっている。期待できそうだ。

どこへ行くかはヤギ次第！

《山コース》は、約40頭のヤギたちと一緒に野山へ散歩に出かけるコースで、どこへ行くかはヤギ次第。日課であるヤギたちの食事について歩く。ジャングルや草むら、湿原などでエサを食みながらヤギたちとお付き合いのひと時。ヤギたちがお腹一杯になったら戻ってくるという楽しいコースだ。
1人500円、ただし1人参加の場合には1000円。《海コース》は、小さなヤギ2〜5頭と一緒に、近くの海岸へのんびりとお散歩する。道草を食いながら15分ほどで

ヤギ大好き！

近くの穴場的ビーチへ到着、波打ち際でヤギたちと遊ぶ。所要時間は約1時間、小さな子供たちにとってお勧めだ。参加費は1人500円、ただし、1人参加の場合には1000円。

ヤギとの出会いは「抽選でゲット」

昇さん（1959年）は生まれも育ちも浜比嘉島。島には高校がないので前原高校へ入学、卒業して本土や浦添、那覇で営業マンとして働いた。晴美さん（1963年生まれ）は本土からの移住組。
ヤギとの出会いが面白い。18年前、読谷祭

ヤギとふれあう子どもたちは意気揚々

外間さんご夫妻

りで抽選券を購入して、オスヤギ1頭を引き当てたことがきっかけだ。知り合いからメスヤギを購入してヤギを飼い始めたが、もしオスヤギをつぶして食べていたら今の自分は無かったと笑う。拙著『沖縄のヤギ〈ヒージャー〉文化誌』に登場していただいた、元校長の久高先生の教え子というのもご縁だ。

中部にも常設のセリ市を

浜比嘉島でも次第に開発の波は押し寄せて、農場へのアクセス道路が拡張・延長される計画が進みつつあるようだ。晴美さんはそれを歓迎する考えと反対の気持ちが交錯し、複雑な気持ちだという。

ヤギ料理を島の名物にした食堂経営はいかがかと意地悪い質問をぶっつけてみた。自分が可愛がってきたヤギを食べることには大きな抵抗があり、その気は全くないとの答え。だが他人がやることには反対しないとのことだった。

行政への要望として、中部にもヤギのセリ市場の常設をあげる。確かに南部セリ市場や今帰仁セリ市場までの距離は遠い。将来はヤギミルクを使ったチーズやヨーグルトなどのヤギ乳製品の製造販売を夢見ている。ヤギは癒しを与える動物として今後ますます多面的な利用が期待されている。老人ホームや保育園などにおけるふれあいで活躍する機会が増えていくことを期待している。

ヤギさんの体重測定

ヤギでレクリエーション

後日、「第3回 山羊とピクニック」というイベントに、うるま市に住む友人の宮里氏を誘ってヤギさんたちに会いに行った。

雨天のため順延になっての開催だが、当日はうっぷんを晴らすかのように素晴らしい晴天になった。1時半頃ファームに到着したが、すでに20名ほどの親子連れがヤギたちと戯れていた。2頭の与那国馬のような小さな馬に乗ったり、ヤギの計量を手伝ったり、ヤギとかけっこをしたり、子供たちやヤギも楽しそうだ。ヤギたちは慣れたもので盛んに桑の葉や大葉木の葉を要求し、ワシワシ食べている。ザーネン系の白いヤギが主であるが、中には黒や茶色の島ヤギに近いヤギもいる。

2時半頃、メインイベントのヤギたちと海までのピクニックが始まった。ファームから海岸までの距離は約300メートル。ヤギたちが先頭になったり子供たちが追い越したり実に微笑ましい光景の中、15分ほどで海岸へ到着した。普通、ヤギは水を嫌い海に入らないが、清ら海ファームのヤギたちは海を怖がる様子はない。浜辺では外間さんや藤田さんがサンタクロースよろしく担いできた紙袋に入った木の葉をあげながら30分ほど遊んだ。楽しいひと時だった。

海コース。ここのヤギは海を怖がらない

> 中部地域

部屋の中でヤギを飼う

うるま市具志川 928-1

藤田充隆さん・美知恵さんご夫妻

中城湾が一望できるロケーション

2016年5月8日、大型連休最後の日に藤田さん宅を訪問した。分かりづらい所だというので別の場所で待ち合わせ案内してもらった。

着いてびっくりした。高台に位置する藤田邸からは中城湾が一望できて、素晴らしいロケーションだ。

しかし、人里から離れているのでいまだ上下水道が完備されていない。電気は引かれているが、水道がないので水の確保が大変だ。（役所に相談しても1000万円ほどかかるといわれている。何とかなりませんかね市長さん）

ヤギと犬たちによる歓迎式

2頭のレトリバー系の黒い犬が吠えながら私たちを歓迎する。さらに、有角で毛がふさふさした灰色っぽい特徴のある岡山県出身のメスヤギと、アルパイン系のスタイルの良いメス、その子である白い子ヤギの計3頭が加わってにぎやかな歓迎式となった。

犬はよくしつけられており、決してヤギにかみついたりしない。ヤギも全く犬を警戒する気配はない。

ご主人の充隆さん（1965年生まれ）は国家公務員でミレニアムの2000年に沖縄へ赴任。かれこれ18年になる。現在地に土地を購入し、家を建てたのが13年前。ご主人が本土へ一時転勤したが、その間には美知恵さん（1970年生まれ）がヤギや犬とともに家を守ってきた。

哺乳瓶で水を飲むよ

犬もヤギも家族、
部屋の中で一緒に暮らしている。

やんちゃぶりを発揮！

ヤギは好奇心が旺盛でなんでも口にくわえたり、かじったり、テーブルクロスを引っ張ったりする。当日もインタビュー中にテーブル上のガラス瓶を落として割って怒られていた。手が付けられないやんちゃぶりを発揮していた。

ヤギは夜になると部屋の中に入り、自分の寝床（檻）で休む。5時頃から起き出し、6時には朝食のため外に出される。朝食が

浜比嘉や平安座がよく見えるお庭だよ

済むと反芻をしながらゆったりした時間を過ごしているそうだ。雨のときは濡れた木の葉は食わないので、JAから購入した乾草を与えるという。

病気らしい病気はないが、1度だけ獣医さんに往診を依頼したことがある。

大きくなっても食べないよ

先述した外間さんの牧場で、ヤギを伴侶動物として飼っている仲間たちに声を掛け合い情報交換会を催したことがある。

これを年2回ほど定例化したい計画もあるようだ。私も微力ながら応援するのでぜひ実現をとのエールを贈った。

例えば家庭の事情や旅行に行く場合など、信頼して預けられる仲間がいれば安心だ。

「大きくなったらヤギ汁にして食べようね」と美知恵さんにかまをかけてみた。「とんでもありません」と一蹴されたが、ヤギ汁は大好きだから別のヤギだったら食べると豪快に笑った。

真っ黒に日焼けした顔に白い歯がのぞく。ウチナーンチュもびっくりのイルクルーだ。飾らぬ性格が良いですね。ボランティアで具志川高校テニス部の指導もしている。

夜は自分の寝床でおやすみ

ヤギたちも自分の親だと思っているようだ

中部地域

土木業からヤギ飼いへ

中城村登又157

小橋川嘉善さん

びくともしない頑丈なヤギ舎

小橋川嘉善さん（1948年生まれ）は土木業に、2年半前に見切りをつけて幼少期からの経験も生かしてヤギを飼い始めた。ヤギ舎はキビ畑に囲まれた静寂な場所にあり、空気がよく申し分のない環境だ。カマボコ型のコンセットで頑丈にできていて、周辺は平地で台風時にはもろに雨風が吹きつけると思われるが、多少の風にはびくともしない。

体格も立派なヤギばかり

壁側に沿って木材で部屋を区切り1房に2～3頭ずつ飼っている。床はメッシュで高床式になっており糞は落下するようになっている。そのためヤギは糞で汚れることはなくとても清潔だ。さらに感心するのはオスメスに関わらずすべてのヤギは大型で骨格が素晴らしく肉用ヤギの条件を満たしている。純系ボア種のオスとメスを2～3頭ずつ飼っており品種改良に寄与している。県の研究機関やヤギ仲間からも評価が高く、子ヤギがつぎつぎ引き抜かれていくために、今が最も少なくて60頭ほどだそうだが、これから分娩を控えているので増えていくだろうと楽しそうだ。

三つ子を産んだよ！
りっぱな体格です

農業生産法人の立ち上げも

将来的には300頭ほどまで増やしたいという希望を持っているが、それには草地の確保が大きな課題だ。現在、アルファルファの草地が600坪、トランスバーラーの草地が約2000坪あるが、将来的にはさらに4、5000坪ほどを確保する予定とのこと。濃厚飼料は市販の配合飼料と単品のトウモロコシを混ぜ育成ヤギや繁殖メスヤギに給与している。オスヤギには交配後に御苦労様の気持ちを込めて与えている。

私が訪ねた時には、知り合いの農家からニンジンの葉を、また、近くの原野からシロバナセンダングサ（さし草）を刈ってきて与えていた。キビの葉にはダニのような白い虫が付いていることがあり与えていない。

これだけの頭数を1人で管理するのは大変なので年配の方を日々雇用している。最近農業生産法人を立ち上げ、関連する補助事業を導入し業務拡張を図っている頼もしい方である。ぜひ成功させてほしい。

中部地域

豚からヤギへシフトチェンジ

読谷村長浜100

上地真徳さん

ビックリ、手作りのブロック造り

上地真徳さん（1939生まれ）は、30代までは左官業に従事していた。40歳から65歳までは養豚業に携わっていた。
那覇の「うるくそば」から出る残飯で、150頭ほどの豚を飼育する養豚農家であった。現在は30頭ほどのヤギを飼いながら過ごしている。

自分で建てた立派なヤギ舎の前で

上地さんとは初対面であったが、人当たりのいい好々爺である。昨年の2月ごろ軽い脳梗塞を患ったが幸いに後遺症もなく2週間ほどで回復したという強者でもある。
夕方、涼しくなるとヤギ舎に友人たちが泡盛やビールを持参しやって来る。以前はこれが楽しみだったが、今はアルコールを控えているそうである。以前左官をしていただけあって、きれいなブロック積みのヤギ舎が畑の中に目立つように建っている。

特産の紅芋を生かせ

読谷村は周知の通り紅イモの産地として広く知れ渡っている。この紅イモを利用した「紅イモタルト」は、土産品として有名である。製造元の「御菓子御殿」に紅イモを卸す農家は20軒ほどで、約10万坪の畑でこれを栽培している。イモ農家や菓子製造業者にとってはイモだけが必要でカズラは不要だ。都合のいいことにカズラはヤギにとっては大好物。最高の餌になるのでいつでも欲しい。お互いにメリットは大きい。
これからも元気にヤギの飼育に頑張ってほしい。

なになに〜

中部地域

ヤギ飼いのプロ、久米島からも白羽の矢

北谷町宮城 2-6

宇禄昌健さん

北中城のヤギ舎へ

宇禄昌健さん（1948年生まれ）は久米島町出身。中学卒業後那覇へ出て電話関係の会社に就職。22年前からヤギを飼い始めた。幼いころからヤギとは接点があり、ためらいなくヤギ飼いになった。

住んでいる北谷町宮城は都市化が進みヤギは飼えなくなったため、北中城村屋宜原のA＆W裏、住宅地から離れた場所の斜面にヤギ舎を構えている。

住宅地を抜けると墓が現れ、山の斜面にへばりつくようにヤギ舎が見えてくる。

ぼくたち
ボア種だよ

見慣れない訪問者に興味を示すヤギたち

購入者の絶えない立派なヤギたち

手造りの小屋はヤギにとっても快適で管理もしやすく設えている。廊下にも屋根が張られ、人もヤギも一切濡れることはない。高床式になっており、ヤギは糞尿にまみれることはなく清潔だ。

ザーネン系の大型ヤギとボア種の純系が宇禄さんの自慢の種だ。ザーネン系のオスヤギは130kgを超すと思われるほど大きくて、まるで子牛と見まがうほどである。

とにかく宇禄さんのヤギはオスもメスも立派な体格をしている。これに惚れて県内のヤギ農家から将来の繁殖用や種オス候補として購入者は絶えない。

指導者として

最近、出身地の久米島町では役場を巻き込みヤギの久米島ブランド創出のため生産組合を発足させた。宇禄さんのヤギも種ヤギの導入事業の一環として久米島町へ数頭導入された。

ところが、畜舎構造の弊害、管理技術の未熟さ、乾草の多給、寄生虫の感染等により、ヤギはやせ細り、計画通りに進んでいないらしい。

そこで久米島ヤギ生産組合から白羽の矢が立ったのが宇禄さんだ。ヤギ飼いの指導者として島に戻ってくることを懇願されている。

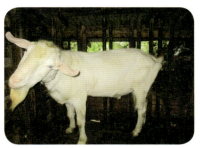

ご自慢の体格のいいオスヤギ

廃材を利用した手作りのヤギ舎

愛用の軽トラックで

今、宇禄さんはこの要請に対応すべく真剣に思案中だという。
私は男として見込まれたからには絶対に行くべきだとすすめている。
ヤギのエサになる野草は前日に刈り取っておくので、ヤギ舎に着くのは午前8時頃、草を与えることから一日が始まる。掃除やヤギの健康状態などをチェックして午前の仕事は終了。昼食は愛妻弁当か途中で購入した弁当を食べ、一時休憩する。ヤギ舎は臭いやハエも少なく、しかもベンチの幅が広いので昼寝もできそうだ。
2時頃から愛車を駆って野草刈りに出かけるが、雨になりそうな時には昼食を後回しにする。何事もヤギ優先だと笑う。
宇禄さんのモットーは購入飼料は一切使わないことだという。これは経営的に素晴らしいことだと思う。写真のように宇禄さんの愛車は荷台が四方メッシュで囲われており、車が揺れても荷台の草はこぼれる心配はなく、ヤギの運搬にも安全である。
宇禄さんのヤギ飼いの専門技術を生かして久米島町のブランドヤギ創出に向けて頑張ってほしい。

中部地域

福祉関連の仕事から転身

うるま市西原 860-1

新城清吉さん

ツタのからまるヤギ舎

新城清吉さん（1947年生）のヤギ舎は出身地であるうるま市宇堅にある。原野の真ん中にツタで覆われたヤギ舎は古色蒼然として風情がある。

専門的にヤギと関わるようになったのは6〜7年前からで、それ以前は社会福祉関連の業務に携わっていた。退職したあとに廃材を利用して自力で畜舎を造り、ヤギを飼い始めた。兄弟や友人たちとヒージャー会をするために、現役中から2〜3頭飼っていたとのこと。

青草オンリーのこだわり

もともと動物が好きな新城さんは、ヤギ舎のガードマンとして琉球犬を2頭飼っている。朝6時に起床しヤギ舎に向かう。前日に刈っておいた野草を給与し、8時には沖縄市まで野草を刈りに出かける。ヤギの大好きなオオバギ、千年木の他にカズラなどを刈り取る。

ほにゅうびんで
そだてられたよ

新城さんは市販の乾草を一切与えずにすべて青草を給与している。また、知人の豆腐屋さんから毎日ヤギが食べきるだけの量のおからをポリ容器にもらってくる。豆腐屋さんはオカラの処理に困っているので毎日もらいに来る新城さんとは持ちつ持たれつの関係だ。ヤギたちはオカラが大好きであるが、水分が多いので多給すると下痢をする。慣れたもので新城さんは適量をわきまえているのでその心配はない。

お産は昼間が多い！

また、コンビニで消費期限切れになったパンをもらいあげている。繁殖メス、種オス、育成にはヤギ専用の配合飼料を給与しているそうだ。

ヤギの出産は夜間と昼間ではどちらが多いか尋ねると、経験から昼間が圧倒的に多いとの返事が返ってきた。管理上も昼間のほうが何かと都合がよい。

column 1 沖縄県が推進！『おきなわ山羊肉レシピ』

沖縄県では、平成25年2月に、「おきなわ山羊」の肉を使った試食会を実施するとともに、おきなわ山羊肉レシピを作成したので、ここに紹介したい（転載許可済み）。

山羊肉のカルパッチョ

●使用部位：もも肉（スジの少ない箇所）
①もも肉の柔らかく、スジの少ない部位を選定し、タコ糸で成型してから、表面をフライパンで強火で焼く。
②冷却し、真空包装をして58℃の湯煎で90分間加熱する。
③冷却し、タコ糸をほどき、薄くスライスする。
④皿に並べて、バーナーで表面を炙り、塩、コショウ、エキストラバージンオリーブオイル、サラダ類を散らしヤギの粉チーズを振りかけて、バルサミコ酢をかける。

山羊もも肉の丸ごとロースト

●使用部位：もも肉一本
①もも肉は、骨を抜いてから中に塩、コショウを振り、タコ糸で形成する。
②フライパンで皮目をゆっくりと焼き、全体を焼き上げる。
③120℃のオーブンで、3時間ほど芯温が60℃になるまで焼き上げる。

山羊肉の煮込み

●使用部位：汁用、全体
①汁用にカットされたヤギ肉は、タマネギ、ニンジン、セロリ、ニンニクと赤ワインに一晩以上漬け込む。
②漬け込んだ液から、肉、野菜、漬け込み液とそれぞれ分ける。
③肉は、塩、コショウをしてフライパンで強火で焼き上げ、ザルにあげておく。野菜は、大きな両手鍋で炒める。漬け込み液は、1度沸騰させてシノワで漉す。
④両手鍋で炒めた野菜に、ザルにあげた肉と漬け込み液を入れて、火にかけてからフタをし、オーブンで2〜3時間煮る。液体が少ないようであれば、水を加える。
⑤1度冷却して、骨を外す。煮汁を漉す。
⑥再び鍋に煮汁と肉を入れて、サルサ・ポモドーロを加えて、塩、コショウで味を調える。
⑦付け合せ用の野菜も加えてから、さらに煮込んで、バターモンテして仕上げる。
⑧皿に盛り付け、青味野菜などを盛り付ける。

山羊もも肉の真空調理

山羊肉の焼肉イタリア風

●使用部位：もも肉、肉の塊が大きい部分
①もも肉から、骨を抜き取り比較的大きな塊の部位をタコ糸で成型する。
②肉に塩、コショウをしっかりして、フライパンで表面を焼く。
③冷却し、真空包装して、58℃の湯煎で9時間調理する。
④提供前に表面を香ばしく焼いて、薄くスライスする。
⑤バジルソースをかける。

●使用部位：あばら（ソーキ）、スジの少ない部分をピックアップ
①適宜の大きさに切ったあばらの部位やスジの少ない肉を、タマネギ、ニンジン、セロリ、ニンニクと赤ワインで数時間マリネする。
②マリネ液から取り出して、野菜を除き、食べやすい大きさに切り、塩、コショウする。
③フライパンまたはグリルで強火で焼き上げる。
④鍋にエキストラバージンオイルとニンニクのみじん切りを入れて香りを出し、トマトのコンカッセ、イタリアンパセリのみじん切り、ワインビネガーを加えて、塩、コショウで調味し、焼いた肉と絡めてから皿に盛り付ける

山羊背肉のロースト

●使用部位：あばら（ソーキ）から背肉
①背肉部分の骨をすいて、皮を取り除き、塩、コショウしてフライパンで表面を焼き上げる。
②冷却し、骨の部分に厚紙などを当てて、真空包装する。
③58℃の湯煎で、3～4時間調理する。
④袋から取り出して、再び塩、コショウし、フライパンで表面を焼き上げて、粒マスタードと香草パン粉を塗り、230℃のオーブンで、パン粉が焼けるまでローストする。
⑤骨の部分を1本ずつ切り分けて、皿に盛りソースを流す。

山羊煮込み入りキッシュ

山羊肉のクレピネット包み焼き

●使用部位：汁用、全体
①練り込みパイ生地をあらかじめ準備しておく。
②山羊肉の煮込みと同様に下ごしらえしてから、同様に調理する。
③煮込んだ肉を冷却して、一口大の大きさに切る。タルト型に練り込みパイ生地を敷き詰めて一口大の肉を並べる。
④アパレイユを作る。全卵、生クリーム、塩、コショウ、ピパーチを混ぜ合わせて、漉してからタマネギのみじん切りを加えて、パイ生地に流す。
⑤180℃のオーブンで20分位、表面に焼き色が付く程度まで焼き上げる。
⑥冷却してから8分の1に切り分けて、再び温めてから提供する。

●使用部位：サイド（くず肉）
①成型して残ったくず肉やスジの多いすね肉のスジをひいて集めた肉を、包丁で丁寧に細かく切る。
②豚の網脂はきれいに洗う。
③ミンチ状に切った肉をボウルに入れて、長命草、タマネギのみじん切り、塩、コショウ、ニンニクのみじん切りを加えて、良く練り合わせる。
④網脂を適宜の大きさに切り、ミンチを30グラムずつ包み込む。
⑤フライパンで表面を焼き上げて冷却し、真空包装した後、58℃で90分過熱する。
⑥提供前に、もう1度フライパンで焼き上げて、ソースをかける。

オスのボア種です

ブランド確立へ　沖縄県では肉用ヤギの改良増殖を目的に、平成21年度に外国から肉用のボア種を導入し、県内ヤギの大型化や品質向上を図ることを目的にして「おきなわブランド山羊」の育成を進めてきた。
また、平成24年度からは「おきなわ山羊飼養、流通消費促進事業」を実施し、ヤギの改良増殖及び消費流通拡大を推進している。
そのため、沖縄県畜産研究センターでは、ボア種と在来ヤギを交配したヤギ独特の臭いが少なく、肉質のすぐれたヤギを育成しており、今後、「おきなわ山羊」として確立し、普及させていく予定となっている。

南部地域

斬新な発想でヤギを飼い、仲間をまとめる

糸満市真壁

ゴートハウス真壁　金城忠良さん

ウサギからヤギへ

金城忠良さん（1958年生まれ）は糸満市真壁の出身。幼少の頃から実家が篤農家で、牛、馬、豚に囲まれた生活をしてきた。ずっと手伝いをしてきたので、ヤギを飼うのも苦労はないという。

小学4年生から食用ウサギを飼い始め、中学1年生でその売上が10ドルにもなっていた。当時からすると大金である。その金で父親に依頼して近所からヤギ1頭を購入したのが飼い始めという変わった経歴の持ち主だ。自分のヤギを所有した時の感動は今も忘れないという。登校前のヤギの世話が日課となった。

手動スクレイパーで話題！

金城さんは20年以上にわたり建築業に携わるが、その間もヤギ飼いを続けてきた。大工さんたちの慰労にヤギ汁を振る舞うことができるのも理由であった。しかしながら2

＼　くるくるヘアー　／

年前に建築業に見切りをつけて、それからはヤギ飼いに専念することにした。

金城さんはもともと建築が専門なので、技術を生かしてヤギ小屋をつくったが、その斬新さには感心した。金属製メッシュの高床式になっているのは他のヤギ小屋と同様であるが、スクレイパー、つまり手動のふん掻

スクレイパーの仕組みは簡単だが、人力でかき出す手間が省ける

息子さんが描いたという味わい深い看板と金城さん。ヤギ舎の内部は乾草してとても清潔だ

き出し機を考案して省力化を図っている。この仕組みが話題になりNHKでも取り上げられた。

すべての顔を覚える

現在150頭のヤギを飼養しているが、もっとも警戒するのが感染症とのこと。少頭数であれば患畜の1頭につきっきりで看病できるが、多頭飼育となると1頭だけにかまっていることはできない。下手をすると集団感染で全滅するおそれもある。
金城さんはそのために150頭すべてのヤギの顔を覚えており、少しの異常も見逃さないよう早期発見に努めている。

今後期待の星

金城さんのもうひとつの顔は「沖縄ヤギ普及発展友の会会長」である。全県下の主だったヤギ飼い仲間に声をかけ、2カ月ごとに勉強会を重ねている。
その大きな目標として金城さんは、
①ヤギ肉の消費拡大
②ヤギの生産及び所得の向上
③ヤギの大型化
の3点を挙げており、日々仲間たちと議論を交わしている。

乾草を与えたグループと青草や木の葉を与えたグループで肉質に差が出るか、あるいは去勢したグループとそうでないグループに成長と肉質に差が出るか等、本来ならば公的機関で研究すべき課題であるが、金城さんは個人で研究を進めている頼もしいヤギ飼いである。
行政への要望として、補助事業などのシステムの構築、ヤギを対象とした家畜共済の確立、ヤギの感染症に係るワクチンの開発、ヤギ専門の獣医師の養成などをあげている。
金城さんはアイデアマンでリーダーシップを兼ね備えており、沖縄のヤギ業界にとって今後の活躍が期待されている。

170キロはありそう

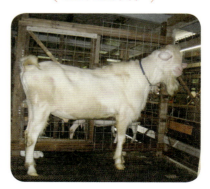

南部地域

糸満のヤギ振興に情熱を傾ける

糸満市座波

大城助春さん

ワンボックスカーのヤギ舎から始まる

大城助春さん（1938年生まれ）は高校卒業後、すぐに軍のPXに勤めはじめ、13年後、日本復帰と同時に民間会社に再就職した。現役をしりぞいた後はヤギを飼育する予定だったので、その1年前からワンボックスカーの廃車をヤギ小屋にして庭先でオスメス1頭ずつを飼い始めた。2000（平成12）年頃、退職したのを機に知人らからヤギを購入し本格的にヤギと関わるようになった。
ちょうど、米国から初めてボア種が導入された時期と重なった。

JA糸満のヤギ部会長に

ボア種の子ヤギは当時1頭25万円もしたので手が出なかったが、しばらくすると15万円ほどに落ちついたので導入した。
父親が生前に牛を飼っていた牛舎を1人で改築し、20頭ほどを飼うようになった。さらに約10年後、一大奮起のもと70万円をかけて増築し、現在は40頭ほどを飼育している。この頭数だと青草の確保が大きな課題となることから、助春さんは約2000坪の畑にヤギが好むアカリファを植えて労力を減らしている。草のほかには朝1回の自家配合（トウモロコシ・大豆かす・ふすま等）飼料を給与している。
販売先は南部や那覇のヤギ料理店から定期的に購入に来るが、出荷したヤギの肉質について必ずその良し悪しを聞くように努めている。人柄とリーダーシップを乞われ糸満市のヤギ振興を目的として設立されたJAおきなわ糸満支店ヤギ生産部会長に就任した。

生後3日目だよ

記事はすべてスクラップ

助春さんは早速会員に呼びかけ、「糸満市を沖縄一のヤギ生産地にしよう」との目標を掲げて熱心に活動していたが、7年ほど前に高血圧で倒れる不幸に見舞われた。幸いに後遺症もなく2週間ほどで退院したが、その間は奥様が慣れない手つきで手伝いをした。正に内助の功である。病気をきっかけに組合長を別の方に譲ることになったが、助春さんのヤギに対する思い入れは並大抵ではなく、ヤギに関する新聞記事はすべてスクラップしており、ヤギの話をすると一晩中でも話は尽きない。
行政への要望として、「高すぎる屠畜・解体料金を一括交付金などの活用により軽減化してほしい。そうすることで飼養頭数の増加が図られ、沖縄にしかないヤギ肉の食文化の隆盛につながっていく」と要望と抱負を述べてくれた。

南部地域

那覇市内の公園でヤギを飼う

那覇市

大石公園ヒージャー愛好会

健康づくりにヤギを活用

大城永一さん（1948年生まれ）は宜野座村出身。長年、本土で自動車関連の会社についていたが、定年を機に沖縄へ戻ってきた。縁があって那覇市のシルバー人材センターに雇われ、大石公園の公園管理の仕事に携わることになったが、ここでヤギと運命の出会いが始まる。2010年に当時の銘苅区長からヤギを寄贈されたのがきっかけで、有志が集まり公園内でヤギを飼育する「大石公園ヒージャー愛好会」を結成した。

取材当時の肩書は会長。

現在は数名のボランティアが交互に当番を決め、ヤギのエサを確保するために朝早くから市内を駆け回り、ヤギが好むガジュマル、千年木、アカバナー（ハイビスカス）などの樹木の葉を刈り取ってくる。簡単なようであるが、毎日となると大変だ。そのため当番の前夜は深酒を避け、早めに休むようにしている。これが健康にいいんですね。ボラ

大城さん。自分で作ったヤギ小屋の前で

ンティアのメンバーは歳に似合わず皆はつらつとしている。これは市長さんに言いたいが、那覇市が支出する健康保険料の軽減に大いに役立っているのです。目に見えないヤギ飼育の効用のひとつである。

ふれあいが大切！

大石公園には「ふれあいコーナー」があり、子供たちが気軽にヤギと触れ合うことができる。連日、市内の保育園や幼稚園の子供たちが大勢やってくる。

大城さんは「沖縄ではヤギといえば、真っ先にヒージャー汁を思い出すが、食べるだけではなく、このようにヤギと触れ合うことにより、子供たちの情操教育や老人ホームなどでお年寄りの認知症の症状改善に役立つことも実証済みで、さらにヤギの利用拡大が期待できるのではないか」と話す。

花とヤギで日本一の公園に

3頭から始まった大石公園のヤギは、今では30頭に。本来であれば公園でヤギは飼えないが、ヤギたちは「那覇市の特別大使」として飼育が許可されている。

夏は銘刈緑地でも放牧されているが、ヤギは雑草を食べてくれるので草刈り費用が抑えられる。生きた除草機ともいわれるヤギ、全国でも注目されている。

大城さんの目標は、大石公園を花とヤギがいる日本一の公園にすることである。大石公園は高台に位置していて斜面が多いが、逆にこの斜面を利用して、春はユリ、夏はヒマワリ、秋はコスモスと季節の花が楽しめるようにしたいと、地域のボランティアたちとともに汗を流しながら公園の美化に励んでいる。

大城さんがこれまで培ってきた溶接などの技術は、ヤギ小屋、放牧柵、ヤギを運搬する台車などを作るのにいかんなく発揮されているが、悩みの種は飼育や花の苗などにかかる費用の捻出である。

"多良間ピンダ" 大活躍

ピンダといえば多良間の言葉でヤギのこと。多良間ではなにしろ人口よりもヤギが多い島といわれ、ヤギとのかかわりは深い。宮古ではかつて控えめな多良間の人たちをからかって「多良間ピンダ」と揶揄していたというが、

翁長さん。愛好会事務所で

この人口1000名にも満たない小さな島からは、数々の政治家や経済人たちを輩出している。

那覇市議会議長を務める翁長俊英さんもその中の1人だ。翁長さんは1956年生まれ、大石公園ヒージャー愛好会顧問を務めている。幼少の頃からヤギとともに歩んできた翁長さんにとって、ヤギに対する思い入れは他を抜きん出ている。

翁長さんは議員活動の一環として、那覇市銘刈緑地と大石公園におけるヤギ飼育を提唱した人物でもある。銘刈緑地の「メーメーヘーやぎさん草食み隊」は、2007年に銘刈小学校の児童たちの情操教育を兼ねてヤギを放牧したのが始まりである。

緑地といっても当時は人がほとんど入らない原野、ハブどころとして恐れられており、草刈りに要する市の予算は年間300万円以上にものぼった。そこで翁長さんは一計を案じた。緑地にヤギを放して草を食べさせてはどうか。緑地の環境は一変するだろうし、ヤギと子供たちが触れ合う空間ができて、草刈りのための支出も抑えられ一石三鳥となる。そういう持論を市や市議会に提案したが、相手にされず一笑に伏されてしまう。

この苦い経験から翁長さんは、「まず1年間、事故や問題があれば中止する」との条件で豊見城に住む友人から3頭のヤギを借り受けて、事業をスタートさせた。

するとどうであろうか。ヤギたちは翁長さんらの期待通り確実に草を食べてくれ、除草にかかる費用は軽減されたのである。

ヤギたちは今や那覇市の特別協働大使として市長から認定され、活動の場をさらに広げている。

翁長さんはそのとき、銘刈と並行して大石公園でのヤギ飼育という計画も進めていた。同公園には管理人がおり、周辺には草も豊富で環境として申し分ない。そのうえヤギと

子供たちとの触れ合いも期待できることから、2010年に「ヒージャー園」をスタートさせた。ヤギの世話を行うのはヒージャー愛好会（大城永一会長・当時）のメンバーで、すべて手弁当のボランティアである。2012年に立派なヤギ小屋が完成したが、これも総てボランティアの手造りだ。
「子供たちのために地域づくりを」との心意気を持つ有志が集まった結果である。
2013年の末には、ヒージャー愛好会が主催して大忘年会を大石公園で開催した。地域の子供たちとヤギのかけっこ大会、ヤギの鳴きまね大会などで盛り上がった。翁長雄志那覇市長（当時）も多忙の中、駆けつけヤギの鳴きまねで大喝采を浴びた。
行事はその後も毎年行われており、地域から高い評価を受けている。

敏腕の事務局長

山城篤さん（1959年生まれ、事務局長兼会計）の本職は35年のベテラン環境コンサルタントだ。それがヤギに魅入られて以来、土日はボランティアとして大石公園でヤギの世話や小屋の清掃に精を出す。また、大石公園ヤギ愛好会の事務局長兼会計として敏腕を振るっている。
ヤギたちは今では市民権を得て、週末ともなると市内の祭り会場へ出かけていき、触れ合い活動の主役を演じる。老人ホームや保育園・幼稚園などからも声がかかりお年寄りや園児たちから喜ばれている。ヤギたちの活躍ぶりはとても素晴らしく、もはや彼ら無くしてはイベントは成立しなくなっている。さらに草刈り隊として環境美化にも役立っている。

出張から帰ってきたヤギさんたちをお出迎え

山城さんは環境コンサルタントとしてヤギの多面的利用に注目している。その主役たちを搬送する車両の維持費や燃料費を管理するのが山城さんの役目だ。
月曜日から金曜日までは本業で多忙を極め、土日は公園の管理やヤギの世話に明け暮れている山城さんに奥様から不満の声も聞かれる。
それでも山城さんは意に介さずヤギたち子供たちのために今日も出かける。奥様、どうか大目に見てください。

足が公園へ向かう日々

饒平名準一さん（1942年生まれ）は、小学校6年生まで北部の本部町で育った。農家だったので、豚、ヤギ、馬が飼われていた。ヤギの世話は準一さんの役割で、登校前に草刈と給餌を済ませるのが日課だった。そのせいで生き物好きになった。
毎朝、眼を覚ますとヤギが気になり、自然と足が大石公園へ向かう。その前にヤギの

事務局長の山城さん。
カレンダーにはヤギの出番予定が記入されている。

饒平名さんの日課は
ヤギのエサの刈り取りと運搬

首輪をつけて、子どもたちへ
ハイどうぞ！

草刈りが日課となっている。公園のピックアップ車で市内を廻りヤギのエサを確保する。8時には公園に到着。ヤギと公園内を散歩する。おともになるヤギは決まっているようだ。雨の日も風の日も暑い日も、欠かさず公園にやってくる。現在4人が草刈り当番になっている。

朝の給餌が終わるといったんは家へ帰るが、午後から再び公園へ出かける。ヤギ小屋の前でヤギを観察し、見学者との会話を楽しむのが日課となっている。

午後4時頃になると愛好会のメンバーが集まってくる。ヤギを小屋に入れたり、ヤギ小屋周辺の清掃、給餌などといったお世話で忙しい。

日曜日の夕方、2時間ほどヤギ小屋の前のベンチに腰掛け何気なく見ていたが、ほんとに感心するほどよく働いている。

心休まるヤギの世話

白保英善さん（1945年生まれ）は西表島大原出身。ほんとうは1944年生まれだが、戦後のどさくさで役場への届け出が遅れたため1年遅れの1945年になったらしい。当時はこんなこともあったのですね。

子供の時から農業の手伝いやヤギの世話をやっていたので、その時の経験がここでも役に立っている。

27歳までは西表で農業をしていたが、その後那覇で大工として働く。数年前に引退し、現在はフリーである。

那覇市のシルバー財団から委嘱を受けて大石公園の管理を任されている。

朝はまずヤギの草刈りから始まる。それからヤギへエサをやり、しばらく休んだ後夕方再びヤギの世話のために公園へ出向く。これが白保さんの日課である。

白保さんは、私が公園を訪ねるたびにいつもいる。白保さんにとって最も気が安まるところが大石公園らしい。また、土日は他のボランティアにとって家族との団欒が大切なひと時でもあり、年配の自分がその肩代わりになればと思い、できるだけヤギの世話を続けていきたいと話してくれた。

白保さんは毎日ヤギの顔を見に来る

ヤギが大好き小学生

多田昴泰君(取材当時12歳)は、学校が休みになる土日が待ち通しい。スーパーに勤めているお母さんが昴泰君を大石公園へ連れて来てくれる。お母さんが仕事を終えて迎えに来るまで、一日中、公園でヤギの行動を観察したり、触れ合ったり、世話ができるからである。昴泰君はほんとにヤギ好きである。ヤギも敏感にそのことを肌で感じるので、自然にヤギは昴泰君に寄ってくる。見ていて微笑ましい。将来はヤギに関する仕事に就きたいらしく、獣医師になるのが夢である。望みを叶えてあげたい人材だ。

ヤギの扱い方は大人に負けないほど習性をよく理解している。見学に来る子供達のためにヤギを捕まえたり、次の人に手綱を手渡したり忙しいが、何ひとつ文句は言わない。毎週、学校が休みになる土日や公休日には朝からヤギを観察しているので、ヤギのこととなると大人顔負けだ。

夢は獣医師!

ヤギ新聞

昴泰君がこのほどヤギ新聞を発行した。とても素晴らしく、世界一のヤギ新聞だ。

おじさん達の仕事
6月25日に、大石公園にシャドウ学習に行きました。大石公園では7人ぐらいの人たちが仕事をしています。おじさん達の仕事はヤギ小屋の清掃、ヤギのエサの草刈作業やヤギの散歩とヤギにエサをあげる仕事をしています。朝の8時くらいから夕方の5時ごろまでやっています。

ヤギの特徴
ヤギは群れる。小屋のそばから逃げない。子ヤギも群れる特徴があるため、子供と走り競争が出来る。エサをあげると、1日中でも食べている。

大石公園のヤギの名前
たっちゃん、カマドゥ、すみれ、ユリちゃん、その他20頭。

ヤギの好きな草
くわの葉、サツマイモの葉、サシ草、その他色々。

毒の草(食べさせてはいけないもの)
キョウチクトウ、クワズイモ、ジャガイモ、ユリ、ツツジ。

かんそう
大石公園ではたらいている人たちは、毎日、草刈やそうじをしたり、たいへんだなと思いました。でも、そのおかげでたくさんのヤギたちはげん気にいきているのでよかったです。僕も仕事をしたり、いっしょうけんめいがんばります。

南部地域

元警察官がヤギを飼う

八重瀬町屋宜原 23-28

崎山安男さん

穏やかな紳士

崎山安男さん（1956年生まれ）。こういう方を探していた。久米島町出身の元警察官だが、元の肩書からは想像もできないほど人当たりはソフトで一切争いごとは好まないという紳士然とした方である。
高校卒業後那覇に出て警察官になったが定年を待たずに勧奨退職して民間会社に再就職。5〜6年勤めてあとに退職し、ヤギを飼い始めた。幼い頃からヤギの世話をしていたので、飼育にためらいはなかったという。

住宅街ならではの対策も

現在は10頭ほどを飼育中であるが、将来は30頭ほどに増やしたいといい、エサの確保が大きな課題である。400坪の畑にカズラを植えているがこれだけでは足りないので毎朝7時からの草刈りは欠かせない。また、緊急時のストックのために夕方も草刈りに精を出す。それでも足りないのでJAから乾草を購入している。
小屋は県道沿いにあって住宅地にも近い。ヤギはひもじくさせると悲しそうに啼くので常にエサを十分に与えている。また、糞尿の臭いに気を付けており、高床式の床下に溜まった糞尿の臭いが外に漏れないようこまめに袋詰めするとともに、床の部分をビニールでカバーをするなどの工夫をしている。この効果は床下から吹き上げる冷たい風をさえぎる効果もあり一石二鳥である。育てたヤギは南部セリ市場に上場したり、知り合いから頼まれると相対でも取引する。セリに上場するヤギがいなくても情報収集や

自慢のメスヤギと

仲間との情報交換のため出かけるようにしている。
また頭数を増やすためには、ヤギ舎の増築は不可欠であり、ヤギ小屋に隣接した場所で、1人でコツコツとヤギ舎を増築中である。崎山さんのご健闘にエールを送りたい。

悪臭対策として、床の部分を外からビニールでカバー。増築中のヤギ舎の前で撮影

南部地域

那覇市内の傾斜地でヤギを飼う

那覇市上間 588-2

宮良松雄さん

急勾配にヤギ舎が3つ

今の時代に那覇市内ではヤギを飼っている方はいないだろうと思っていたが、沖縄山羊普及発展友の会の勉強会に招かれ参加した時に、宮良松雄さん（1953年生まれ）から那覇市内の自宅脇でヤギを飼っていることを聞いた。

那覇から与那原向け国道329号を直進すると一日橋交差点の手前に給油所がある。そこを左に曲がり急勾配の坂道を上る途中の左手。そこが宮良さん宅だ。宅地は間地ブロックの擁壁とコンクリートの壁にがっちりと囲まれており、その脇道を下る手前に「ハブ注意」の立て看板が見える。手前のヤギ小屋は住宅脇の下り坂に沿った断崖にあり、地上から2メートルほど下に造られている。建造時には相当苦労しただろう。4頭飼われていて、さらに隣接した場所に2室を増築中だ。1室に2頭ずつ入れるので4頭増やすことができるという。2番目のヤギ舎は住宅の擁壁に沿った場所に1畳ほどのスペースを利用して全体をメッシュ張りにした小屋で3頭飼っている。以前そこで大きなオスヤギを飼っていたが、柵が低すぎてヤギが跳び越えたそうだ。だが、ロープが短すぎて首つり状態になって死んでしまったことがあり、その後メッシュで全面を囲うようにしたとのこと。

3番目の小屋はその下に造られている。そこも矮小なスペースを有効利用している。そこには6頭飼われており、全部で13頭が飼われている。

こちらも元警察官！

宮良さんも先に紹介した崎山さん同様元警察官だ。崎山さんとは現役中からの知り合いだったというが、申し合わせてヤギ飼いを始めたわけではない。宮良さんも定年1年を残して退職したが、ヤギを飼う動機となったのは、ヤギを10頭飼っていた知人が体調を崩し飼えなくなったので、友人と5頭ずつ分け合い飼い始めたのがきっかけ。

住宅は建築して20年ほど経過している。敷地は少しずつ買い足していき、今では約600坪になった。今は原野だがアパートなどはいつでも建築可能とのこと。うっそうと茂る森のようになっており、ヤギの格好のエサ場となっている。固定資産税はばかにならないと宮良さんは豪快に笑い飛ばす。

帰りに急勾配の坂を必死に駆け上ったが、足腰を鍛えるにはこれ以上の場所はない。趣味と実益を兼ねたヤギ飼いは健康にも良く、精神衛生上も有益である。

元警察官出身の崎山さんともども、後輩たちのために頑張ってほしいものである。

手前側のヤギ舎にて

> 離島地域
> 南大東

半農・半漁からヤギ飼いへ

南大東村字新東493

ピットイン新城　新城鎌佑さん・幸子さん

実は家畜業も盛んだった南大東

新城鎌佑さん（1943年生まれ）・幸子さん（1952年生まれ）のご夫婦である。
南大東島の基幹産業はいわずと知れたサトウキビだが、かつては肉用牛の飼育も盛んだった。
平成20年の統計では708頭、21年は761頭、22年は892頭、23年は783頭もいたが、24年には283頭と激減し、25年にはたった1頭となり、26年からついに南大東島から牛は姿を消した。
一方ヤギは平成17年は206頭だったが、18年は97頭に落ち込むものの、19年は132頭、20年は119頭、21年は115頭と増頭傾向に転じたが、22年を境にして22年、23年がそれぞれ99頭、24年が79頭、25年が70頭、26年が74頭と漸減傾向に

夫婦で飼ってます

歯止めがかからない状況となっている。
しかしながら、JAおきなわ南大東経済課の宮平直人さんらが中心となり、山羊生産部会設立の動きが出てきた。ぜひとも成功してもらいたい。

気に入ったヤギの子孫を飼ってます

枕が長くなった。
代表者の鎌佑さんはこの島で生まれ育ったが、高校は北部農林高校を卒業した。だから農業や畜産には一家言持っている。
父親は家畜商で食肉店を兼ねていた。また、豚やヤギも飼っていたのでヤギ肉は幼いころから食べていた。
鎌佑さんはヤギを飼ってすでに60年以上になる。かつては半農半漁の生活をしていたが、現在ではヤギを20頭ほど飼いながら、趣味として釣りを楽しんでいる。
鎌佑さんの自慢は面白い。10年ほど前に飼

自慢のヤギ小屋の前で

新鮮な木の葉を与えられて喜ぶヤギたち

っていた優秀なオスヤギがいたそうだが、その何代かあとの子孫がめぐりめぐって手に入り、自分のところで飼っているという。

見ると、なるほど鎌祐さんが惚れるほど立派なヤギで、とても人懐っこくおとなしい。鎌祐さんが頬ずりしても嫌がらない。

南北大東島は八丈島からの移住者が開拓を始めた歴史があり、八丈文化と沖縄文化が融合した独特の文化がある。

畜産との関連では八丈ススキという珍しいススキが植えられている。

帰り際に新城さんからそれを土産にいただいた。

八丈ススキ

鎌祐さんは大好きなオスヤギとツーショットで笑顔だ

ユンケルを飲ませて元気に

ともにヤギ飼いをする奥様の幸子さんは、月桃の葉でハンドバックなどを編み、島の土産品として展示販売や里芋を月桃で包み蒸した地元の特産品を開発するなど、なかなかのアイデアマンである。

ヤギへの愛情も深く、子ヤギが下痢やケガをしたときには、段ボール箱で作ったリハビリ箱で大事に扱い回復させている。

島には獣医師がいないので自分が専属獣医にならないといけないと張り切っている。

ある日、元気がない子ヤギに手を焼いていたが、自分も元気がないときにはユンケルを飲めば元気が出ることを思いつき、キャップ1杯のユンケルを子ヤギに飲ませたところ見事に元気になった経験があるそうだ。

畑にはカボチャ、里芋、キュウリ、スイカなどが栽培されている。取材のときに甘いスイカをごちそうになったが、水分を欲しがるヤギにもスイカを与えるという。

離島地域 宮古

「多良間ピンダ島おこし事業」を一手に担う

多良間村字塩川 564

知念正勝さん

多面的にヤギとかかわる

知念正勝さん（1963年生まれ）は高校卒業後、東京で働いていたが親が病気になり島へ戻ってきた。名刺は2通りあり、1つには（有）郷土開発代表取締役、もう1つには（有）たらま農産代表取締役と記されている。ヤギとの関わりを訊ねると、旧飛行場跡地を有効利用する「多良間ピンダ島おこし事業」の趣旨に賛同し、計画当初から同事業に関わってきた。この事業には筆者も副会

たらまピンダは ブランドヤギだよ

長として参画してきたので知念さんとは旧知の間柄である。

飼育に課題

7年前にヤギの飼育場とヤギ肉加工場が完成し業務を開始したが、その管理を一手に引き受ける管理者として、（有）たらま農産が指定された。知念さんは約70頭のヤギの管理をパートの従業員とともに朝夕の草刈りから給餌までこなす。ヤギ舎の床は高床式になっており寄生虫に罹らないように工夫されている。2カ月に1回は床を跳ね上げ、トラクターで糞を掻き出し畜舎を清潔に維持している。しかしながら年間50頭ほどの子ヤギが生まれているものの、下痢などで半数は死ぬそうで、極めて問題がありそうだ。宮古家畜保健所とタイアップしてその原因を追究することを提言した。子ヤギだけではなく成長

ヤギ舎とその内部。裏には運動場があってヤギたちが遊ぶ。オスヤギの毛並みが気になる

冷凍したヤギ刺しと睾丸の刺身。器具の説明をする知念さん

したヤギも死ぬので経営的にも大きな問題がありそうだ。

追いつかないほどのニーズ

加工場ではレトルトのヤギ汁やヤギカレーを週2回ほど作る。地元のスーパーや空港などに卸すほか県外へも出荷している。多良間ピンダはブランド化しており人気商品となっている。自家生産のヤギだけではとても需要に応じきれないのでヤギ農家から購入し間に合せているが、それでも需要に応じきれないほどである。

多良間ピンダを味わう

多良間に来るたびに思うが、これだけ名を馳せている多良間ピンダにも関わらず、島でヤギ汁やヤギ刺しを食べたくても食べさせてくれるところがない。これは何とかしなければならないと思う。例えば空港内にヤギ料理店を設え常時これを食べることが出来れば最高だ。また、有名な「八月踊り」には多くの見学者が来島するが、その時には多良間ピンダを屠り、おおいに売りこんでほしいものである。近年売り出し中のピンダアース（闘ヤギ）開催時にはヤギ汁などを振る舞うコーナーも設置されていると聞く。

昼食は知念さんのご厚意で加工場で作った2種類のレトルトのヤギ汁をご馳走になった。1つは味噌味、他の1つはトマト味だ。味噌味のスープはヤギの骨や肉から抽出された旨味たっぷりのダシと地元の味噌がいい塩梅に絡み合い1＋1が3になったように素晴らしく、1滴も残さず飲み干した。ヤギ肉は開封した時にほど良い歯応えが残っており、レトルト特有のだらっとした感じはなく上等に仕上がっている。トマト味は女性が好みそうな味でヘルシーさが受けると思う。これも期待できそうだ。

左から真空パック機・パックの口を封じる機械、燻煙機

> 離島地域
> 宮古

地方公務員からヤギ飼いへ

多良間村字塩川 52-5

垣花勝盛さん

ヒージャーとの付き合い65年以上

垣花勝盛さん（1944年生まれ）は31年間、多良間村役場に勤務して、福祉課長を最後に退職した。

実家が農家だったので幼い頃から牛やヤギとともに生活してきた。お父様は99歳まで健在だったそうだ。垣花さんは村役場に勤めるかたわらでずっとヤギを飼っていたので、65年以上のヤギとのお付き合いになる。キビ栽培のほかにヤギ8頭とともに生活していて、奥様と2人でヤギの世話や草刈りをしながら仲睦まじく暮らしている。体を動かすことが健康の秘訣だという。

キビの植え付けや収穫のときなど、年に2～3回、ヤギを屠って仲間と慰労会をするのが最大の楽しみという。だからヤギ飼いを全く難儀とは思わない。

夫婦の愛情でヤギもはつらつ

著者は個人的に多良間村との関わりが深く、十数年前に垣花さんのご自宅で運よくヒージャー会に招かれヤギ汁をたらふくご馳走になったことがある。

夫婦で
ヤギを飼ってます

今回訪ねた日はあいにく小雨模様だったが、奥様と2人で草を刈って帰ってきたところだった。ヤギ小屋は2カ所に分かれているが、どのヤギもエサが来たのを察知して落ち着かない。垣花さんご夫婦の愛情に育まれてヤギたちは溌剌としている。

お2人のご健康を願いつつ垣花家をあとにした。

手作りのヤギ小屋と、メスを狙うオス

離島地域
宮古

キン肉マンがヤギを飼う

多良間村塩川 2243-1

羽地敏哉さん

かわいらしい子ヤギと母親

ヤギも骨格がいい

羽地敏哉さん（1962年生まれ）は、牛23頭の飼育とキビを10トン生産しながら、大きなオス1頭とメス2頭、それに最近生まれた3つ子の子ヤギ合わせて5頭のヤギを飼育している。

訪れたときには羽地さんは留守だったので電話をしてヤギ小屋に来てほしい旨を話したところ、宮古島へ出張中とのことだった。残念ながらその日は会えなかったが、幸いなことに羽地さんの帰りの便と筆者が宮古へ戻る便が同時刻だったので空港で会うことが出来た。

羽地さんの初印象はやさしそうだが、腕っぷしがめっぽう強そうで力がありそうだ。

羽地さん同様、メスヤギやオスヤギの骨格は堂々としており、3つ子の子ヤギたちも期待できそうだ。羽地さんは、「これからもヤギを増やしていきたい」と抱負を語ってくれた。

体格がよくて
りりしいよ！

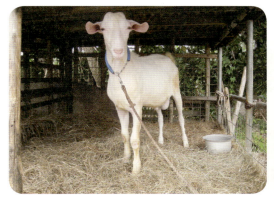

キン肉マンの羽地さん

> 離島地域
> 宮古

83歳の独身ヤギ飼いおじいさん

宮古島市平良字下里2936-3

上里正栄さん

キビ刈りもこなす元気者

上里正栄さん（1934年生まれ）は、ヤギを飼い始めて50年以上になる大ベテランである。現在、約60頭のヤギを飼っており、毎日の草刈りやヤギの管理は1人でこなす。また、自分でトラクターを運転し、40トンのキビの収穫を行うスーパー爺さんだ。

上里さんはこれまでずっと独身を貫いてきた。若かりし頃はそれなりに女性が気になったらしく料亭にも通ったが、今は料亭もなくなったのでスナックで一杯ひっかけて若いホステスの手を握って帰ってくるという。

これが元気の秘訣と話すとても愉快なお爺さんだ。

笑い話も

また2～3日前に、集落の忘年会用にヤギ2匹を贈呈したという慈善家でもあり、若いときには10頭も提供したこともあり地域に貢献している。

上里さんは面白い話を聞かせてくれた。以

> 掃除は
> 欠かせません

前、映画の撮影に大きなオスヤギ1頭と子ヤギを4頭貸すことになった。これを運搬する役目は上里さんを紹介してくれた人工授精師の川上政博さん。

映画のスタッフ2人はヤギを扱ったことがないので、軽トラックから2人がかりで降ろそうとするが、言うことを聞かない。大の大人が2人でもヤギには勝てず手を焼いているすきに首から縄がすっぽ抜け、オスヤギは一目散に逃亡して行方不明になった。探しても見つからず、上里さんは彼らに賠償金を請求したという。その賠償金を受け取った後、しばらくして逃げた周辺を捜したところ、このヤギが道端に係留され、飼い主の来るのを待っていたそうである。上里さんは思い出したように豪快に笑った。

どうしてこんなに元気かと尋ねたら、晩酌の泡盛少々とヤギ汁が効いているという。ヤギ糞からできた堆肥をたっぷり利かせた自家産のキュウリや大根が酒の肴として最高とのこと。

愛するヤギたちと

100頭あまりを一手に　期待の新星

宮古島市平良字下里1372-17

荷川取 英正さん

離島地域 宮古

宮古でナンバーワンの多頭飼い

荷川取英正さん（1960年生まれ）は幼いころからヤギとの付き合いはあるが、ヤギ飼いを始めようと決心したのは2年前、5頭からスタートして現在100頭ほどを飼っており、おそらく宮古で1番の多頭飼育者だろう。巨大な旧養鶏場の建物の1階に100頭ほどが飼われていて圧巻だ。

繁殖力の高さがポイント

筆者はこの時期に（12月）子ヤギが多く誕生していることに興味を抱いた。少し専門的になるが、沖縄の島ヤギは従来、周年繁殖をしていたが、大型化を進めるために本土から導入した日本ザーネン種の遺伝形質によって季節繁殖をするようになった。つまり9～12月までの秋口から初冬にかけてしかメスは発情しなくなった。その間にうまく種がつけば5カ月間の妊娠期間を経て翌年の2月～5月頃出産のピークを迎えてめでたしめでたしとなるが、このサイクルではほとんどのメスが1年1産しか期待できない。

しかし荷川取さんのヤギたちはこの時期に子ヤギが生まれているので、出産・育児を経た母ヤギは春から夏にかけて種つけが期

警戒しながらも興味津々。毛色もさまざま

待できる。これは素晴らしいことである。
荷川取さんは、こうした繁殖力の高いヤギや双子や三つ子を生む多産系を選抜して繁殖メスヤギの改良を進めている。とても素晴らしい考えを持っている方だ。

100頭ものヤギを飼うのにはエサの確保が大きな課題である。荷川取さんはＪＡから購入したオーツヘイ（乾草）、シルバー事業で刈り取った野草を譲り受けたり、自分で刈った野草の他に自家配合の濃厚飼料を給与している。

現在、宮古島ではヤギの需要が急速に高まり、生産が追い付かない状況が続いており、将来は300頭～500頭ほどに増やしたいという夢を語ってくれた。

> 離島地域
> 八重山

会員26名をたばねる石垣市の組合長

石垣市字真栄里163-31

宮国文雄さん

石垣のトップリーダー

宮国文雄さん（1947年生まれ）は、最近発足した石垣市山羊生産組合の組合長を務めていて、トップリーダーらしくパワーがみなぎっている。ヤギについて話し始めると止まらない。組合は発足して間もないので、ヤギのセリを行うのは無理だが、2年以内にはこれを実現したいと抱負を熱っぽく語る。

アイデアは尽きず

現在は石垣市から貸付された優良ヤギは70頭ほどであるが、2年後には300頭まで増やしていきたいと語る。その結果、南部セリ市場、今帰仁セリ市場、石垣セリ市場で構成するトライアングルが構築され、ヤギ産業が活気を呈するようになると持論を述べてくれた。

また、県内のヤギ飼育者同士がお互いにセリでヤギを購入することが容易となり、遠距離間のヤギの交流により近親交配の弊害を除去することにもつながる。今帰仁セリ市場の帰りにはオリオンビールからビール粕を購入することもできると話す。さらに一括交付金を利用してヤギ運搬用の専用トラックを

四つ子うんだよ！

石垣市に購入してもらうことにより、農家の負担軽減につながり、ひいてはヤギの頭数増と所得の向上が見込まれるとアイデアは尽きない。

自慢のボア

現在45頭ほどを飼育しており、朝夕軽トラック1台分の青草とJAから購入した配合飼料を給与している。宮国さんのご自慢のヤギは、宜野座村から購入したザーネン系とボア種との雑種で、雄3頭、雌1頭の計4頭の子ヤギを分娩したメスである。宮国さんは、売らないというのを粘って親子5頭をまとめて購入した。

ボアの種オス

哺乳瓶で育てた子ヤギは宮国さんのことを母親だと思っている

離島地域
八重山

料理店経営のかたわらで飼育も

石垣市字白保759-12

迎里勝二さん

厨房とヤギ飼い、二足のわらじ

迎里勝二さん（1955年生まれ）は、朝7時に草刈りを終えて、ヤギ舎に向かい8時には給餌を済ませる。そしてすぐに自身が経営するヤギ料理屋・五升庵へ向かって昼食の準備をする。

お店の開店は11時30分で、15時までは店長となって厨房で腕を振るう。

そして休む間もなく16時にはまたヤギ舎へ向かうのである。

約35頭のヤギの草刈りを1日2回やるのは重労働である。なので、午後の1回は近くの草地で放牧をさせている。

ヤギたちは十分に草を食べることができるし、さらに運動不足とストレス解消もできて一石二鳥である。

この放牧の時間が終わると18時からは再びコック長として厨房に入る。

何とも忙しい方である。

だれかきた〜

警戒しながらも来客に興味を示す

朝刈ってきたクワの葉と迎里さん

えへへ〜

> 離島地域
> 八重山

ヤギの人工授精師で柔道家

石垣市字真栄里163-31

農業生産法人（株）ゴートファームエイト　新垣信成さん

若手のヒージャー農家

代表取締役の新垣信成さん（1982年生まれ）の経歴が面白い。中学2年まで石垣で暮らしていたが、中学3年から沖縄尚学高校付属中学校の柔道部から声がかかって転校した。沖縄尚学高校柔道部といえば全国に名を馳せた名門である。身体はごついが笑みを絶やさず、語り口や物腰もやわらかい、やはり武道家として鍛えられているからであろう。3年前、岐阜の知人から36頭のヤギを購入したが、ヤギ代や送料などを合わせると1頭当たり約10万円もかかっている。

夫婦で楽しく暮らす

ヤギ舎は牛舎を改造した立派なものである。そこで80頭ほどのヤギを飼いながら、東京出身の奥様の依子さんとともに暮らしている。結婚1年にも満たない新婚ほやほやだ。草地は1.5ヘクタールほどあるが、それだけでは足りないのでJAからジャイアンツなどの乾草を購入しているという。

また、知り合いの農家から売れないサツマイモをもらったり、地元のビール会社からビー

新婚です

エサにつられて全員集合！

ル粕、ピーナツ豆腐の工場からおからをもらってヤギに給与している。

将来有望！

新垣さんは勉強熱心で、長野で開催されたヤギの家畜人工授精師の講習を修了し、さらに国家試験に合格し沖縄では数少ないヤギの人工授精師の免許を持っている。

ほかにも家畜商免許や山羊基礎登録審査委員や山羊産子登録審査委員の有資格者でもある。今後、石垣市や本県におけるヤギ産業の発展には欠かすことのできない人材として期待している。

牛舎を改造したヤギ舎は頑丈だ

column 2 中国・福建省福州市郊外のヤギの屠畜風景

小雨模様で気温は10℃を下回る寒い日。午前10時頃には、屠夫がかまどに薪をくべ、湯を沸かして待っていた。屠畜にふされたヤギは茶褐色、体格はやや大型で約50kgのオス。

頸動脈をさぐり一気に包丁をさして放血

4、5人がかりで毛を剥ぐ

2人がかりでヤギをお湯に浸ける

左右同様に剥いでいく

毛を剥ぎ始める

仕上げは安全かみそりで綺麗に

ヤギは若齢時に去勢されたと思われおとなしい。まず2人がかりでヤギを倒し、頭部を下水溝の縁に向け、1人が後ろ足、もう1人は前足を保定し、包丁を持った屠夫が頸動脈を探り寄せ一気に包丁を突き刺し放血した。
その早業はかなり熟練しているように見えた。横に2等分したドラム缶に沸騰した湯と水を加え、適温（65℃前後）になったところで放血したヤギを数分間浸漬した。十分に浸漬した屠体を取り出し解体台に載せ、4～5人がか
りで脱毛に取り掛かる。
最初は包丁の背や手作りの金属製の道具で毛を剥き終えると水で洗い流し、屠体を反転させ同様の作業を行う。仕上げは安全かみそりで丁寧に毛を剃る。沖縄ではヤギを湯につけることはなく、バーナーや枯れ草等で毛を焼くのが普通で、直火で毛や皮を焼くことによって香りや風味が倍化し刺身も美味しくなる。そこが福建省のヤギの解体と沖縄のそれとは大きく異なる点であった。安全かみそりですっか

食道をたぐり寄せてひもで結紮

胸腔の心臓や肺、腹腔の胃、肝臓、大腸、小腸が出現

胸部から包丁を入れ、正中線にそって結腸部まで一気に切開する

腸を取り出しやすくするため肛門周辺を切開

りきれいになった屠体は仰向けにされる。次いで頸部に包丁を入れ食道を手繰り寄せ紐で結紮する。これは内臓を取り出す時に胃の内容物が外に漏れないようにするためで、沖縄でも同様の工程を経る。
内臓を取り出しやすくするために、あらかじめ包丁で肛門周辺をくりぬき紐で結腸を結び、股関節をナタで切り放す。これで上部の食道と下部の結腸が結ばれたので胃や腸の内容物は外に漏れない。
肋骨は正中線からナタで切り開いて心臓と肺を取り出して、さらに腹部から胃、腸、肝臓、腎臓などを取り出す。この工程も沖縄の解体方法と近似している。取り出された肺、心臓、

ヤギ肉の消費 上記のように、恒常的にヤギが屠畜され、写真のように定期市、朝市、夜市でヤギ肉が販売されていることから、盛んにヤギ肉が消費されていることが想像できた。

胃や腸を上部へ持ち上げてナタで股関節を切開

内臓を抜かれた屠体からナタで頭部を切断する。頭と内臓を除いた枝肉はさおばかりで計量。ちなみにこれは約26キロだった。

胸腔臓器と腹腔臓器を一気に取り出す

計量後には前躯、後躯の順に切断して半丸2分割にして解体終了

胃、肝臓は屠夫の取り分とし、大腸・小腸は廃棄された。今回の調査では血液や腸は廃棄されたが、同行した盧姜威氏によれば自分のところでは利用していたと話した。沖縄では血液を固めて3〜4cm角に切ってヤギ汁に入れたり、チーイリチャー（ヤギ肉と野菜の血液炒め）に使うので貴重品である。大腸・小腸もまたヤギ汁には欠かすことができないアイテムが、BSE発生以降、大腸・小腸は関連法規により廃棄されてきたため、ヒージャージョーグーにとってはきわめて評判が悪い。
腸の処理は非常に面倒で時間がかかるため廃棄したのか、他の理由があったのかは不明であるが、さらに調査回数を増やし追跡する必要があると思われた。

屠畜の背景 屠畜当日の2016年2月1日は旧暦の12月23日に当たり、旧正月の約1週間前であった。供試ヤギの枝肉は屠畜・解体後、旧正月までの間、冷蔵保存し元日に親戚にふるまうとのことであった。

屠畜の場所 周辺は高層住宅が建ち並ぶ新興住宅地から少し離れた山手の旧住宅街であった。その一画のヤギの屠畜現場には脱毛に使用する熱湯を得るためのコンクリート製のかまど、大鍋、解体台が設置されていた。また、屠夫が使用する包丁、斧、ナタなどの道具を入れるバッグなどから恒常的にヤギの屠畜が行われていることが示唆された。

第三章

WELCOME TO
Goat Paradise Okinawa

ヤギにいやされ
ヤギを活用する！

ヤギはとても愛らしく、人々に楽しみと安らぎを与えてくれる生き物である。また、肉用として食べるだけではなく、家畜としても魅力的な生き物であることは、あまり知られていない。

ヤギの利用価値はとても多面的！

公園での飼育やヒージャーオーラセーなど、娯楽に活用されている。

アニマルセラピーなどでも活躍。被災地へヤギを贈るプロジェクトも行われていた。

肉用牛を用いた改良や、ヤギチーズなどの新しい商品も開発されていて、

雑草を食べてくれる「生きた除草機」でもある。

ヤギの家畜としての素晴らしさをお伝えします！

> 1 やぎさん公園
> 大石公園ダイアリー

梅雨時の大石公園でヤギと遊ぶ　　2013年6月9日（日）

　沖縄の梅雨は男性的で、続くときはうんざりするほどの雨をもたらすが、その途中でからっとした夏日が顔を覗かせる。その晴れ間に大石公園に出かけた。外は30℃にも達するうだるような夏日。今、午後の3時28分、さすがに子供達の姿は少ない。雨はヤギが最も嫌がる自然現象の1つである。しばらくぶりの晴れ間にヤギ達も気持ちよさそうに溌剌としている。私はベンチに腰掛けしばらくヤギの行動を観察していた。

　するとそこへ2つの大きなビニール袋を提げた家族らしい5人組がやってきて、

ヤギ小屋の前で立ち止まり、おもむろに袋から桑の葉を取り出しヤギに与え始めた。ヤギは待ちかねていたようにフェンスの前に集まり、親子が与える桑の葉を美味しそうにワシワシ食べ始めた。

おばあちゃんの上原清子さん（当時78歳）は粟国島の出身で、父親が働き者で幼少の頃、常に馬、牛、豚、ヤギなどの家畜を飼っており、清子さんもヤギの草刈を手伝っていたので、ヤギを見るとその当時を思い出し、懐かしくなるようだ。孫達と一緒にヤギにエサを与える姿は童心に返ったようで嬉々としていた。孫達が与えた桑の葉がフェンスの外へ散らかっているのを見て、きれいに片付けてくれた。この行為は一見何の変哲もないようであるが、自分で草を刈り、家畜に与えた経験からくるものであろう。

仕事が休みのときは嫁の康枝さん（当時42歳）が車を運転し、大石公園へヤギにエサを与えに来るとのこと。

長男の翔太君（当時小5年）、康輝君（当時小4年）、みつきちゃん（当時小1年）の3人はそれぞれヤギが大好きで、休みの時はお母さんをせかして大石公園へよく来るようだ。みつきちゃんにヤギのどこが1番可愛いか訊いたところ、女の子らしく、母ヤギが赤ちゃんヤギにお乳を与えるところが1番好きと答えた。

小春日和に誘われて

2014年1月15日（土）

雨の日や寒い日が続いていたので、久しぶりの小春日和に誘われて大石公園へ出かけた。3時頃に着いたが、半数以上のヤギさんたちは那覇市内の老人ホームへ出張中とのことで、ヤギ舎は閑散としていた。残っていたヤギは、1月に生まれたばかりの可愛い子ヤギとその母ヤギたちであった。まだ1週間も経たない子ヤギたちもいるが、畜舎内で跳びはねたり見学者が与える新鮮な草の葉を食んでいる。健康そのもので見ているだけで、元気がもらえる気持ちになるから不思議である。

親子それぞれすべての毛色が違う

2月から5月にかけて沖縄ではまさに分娩季節の真っ盛り。元々沖縄の在来ヤギは年中発情し、年中分娩をしていたといわれている。沖縄は周知のとおり年から年中暖かく、ヤギのエサとなる青草や木の葉がいつでも容易に手に入るため、子ヤギはいつ生まれてもいい条件が揃っていたためである。

一方、ヨーロッパに目を転じると冬は雪に閉ざされ、戸外へ出るのも困難となり、家畜のエサの確保は全く困難となる。自然界でも全く同じである。だからヨー

ロッパやスイス原産のヤギは冬に子ヤギが生まれると生きていくことができないので、春の新芽が吹き出す3月から6月にかけて出産のピークとなるように長期間をかけて、ヤギたちは生きる術を獲得してきたのである。

公園に来た子供達は子ヤギを見たり、ヤギに触れ合ったりしながら「かわいい」「かわいい」を連発。楽しそうにエサをあげていた。中でもトッケンブルグの親子は可愛い。母ヤギは褐色であるが、双子のうち一頭は灰色、他の一頭は黒白で親子それぞれが異なる毛色をしている。人間であればDNA鑑定に持ち込まれ裁判沙汰になっていたかも。

毎日、多くの保育園児や幼稚園児がヤギとの触れ合いを求めてやってくる。昨

ひと仕事終えたヤギたちが帰宅

日は白百合保育園の園児達20名が訪問したとのこと。大石公園のヤギたちはお年寄りから保育園や幼稚園児まで活躍の場は益々広がっている。

5時頃、帰ろうとしているところへ、那覇市内の老人ホームで一仕事を終えて戻ってきたヤギたちは、心なしか少し疲れ気味だった。お疲れ様でした。

2 子どもたちもヒージャー大好き！

「小禄金城地域福祉まつり」でヤギさん大活躍

2013年10月19日（土）〜20日にかけて、第6回小禄金城地域福祉まつりが開催された。前日の18日の新聞の折込チラシに、その案内がはさまれていた。その中で「大石公園からヤギが来る！」（さくら公園）の欄に目が点になった。台風26号の影響で、空はどんより雲っていたが、ヤギにとってはかえってしのぎやすい。しかし、雨が心配だ。そのためにテントが張られ、ヤギが雨に濡れないように気配りされていた。10頭ほどのヤギが囲いの中で、子供たちが与える桑の葉を喜んで食べていた。

テントが張られて快適な広場で
子どもたちとふれあう

子供たちもヤギを目の前にして嬉しそうだ。ヤギはどこへ行っても人気者である。親子連れが目立つが、中にはおじいちゃんに手を引かれてやって来た子供が楽しそうにヤギにエサを与えている風景は、そばから見ていて微笑ましい。ヤギたちはエサにひかれ、今にも柵を倒さんばかりに群がっていた。
那覇市立宇江原幼稚園に通う、川崎たくま君（当時6歳）は、首輪でつながれたヤギを引っ張って散歩や触れ合いにとても楽しそう。「ヤギはかわいいし、おとなしいから大好き」「明日もまた来たい」と話していた。

3 笑顔のリレー 沖縄から東北へ

南三陸町へ山羊を届けようプロジェクト

手元に、農業生産法人㈱はごろも牧場代表取締役 新城将秀氏及び琉球大学工学部情報工学科 玉城史朗教授・同客員研究員平田哲兵氏らの連名による「笑顔のリレー 南三陸町へ山羊を届けようプロジェクト」の報告書がある。
挨拶文には次のように記されている。

このプロジェクトは本学と共同研究をしている中城村にある「はごろも牧場」へ届いた1本のEメールから始まりました。南三陸町立入谷小学校に勤務する仲松晃教諭からのメールには東日本大震災で被災した子供たちを元気づけるために、か

わいらしいヌビアン種山羊を贈ってほしいというものでした。仲松教諭はご自身も被災された大変な生活を送られているにも関わらず、子供たちのことを真剣に考えてのご依頼でした。また、祖父が宮古の伊良部島出身ということで沖縄とのゆかりの深い方です。このメールを受け取った「はごろも牧場」の新城代表は、子供たちのためならと山羊の寄贈を決定されました。しかしながら沖縄から1900キロも離れた南三陸町まで山羊を送ることは容易ではありません。新城代表は共同研究で親交のあった本学、平田研究員にこのことを相談し、琉球大学を挙げてこのプロジェクトを支援することになりました。
那覇空港からの輸送については全日本空輸株式会社の全面的な協力を得ることが出来、仙台空港からの陸路については佐高信生活塾「こども基金」の全面的なご支援を頂きました。こども基金において中心的な役割を果たして頂いた桑島崇史氏は本学農学部の卒業生です。このように沖縄にゆかりのある方々のご協力により、今回のプロジェクトを成功裏に遂行できたことを誇りに思っています。ご支援を頂いた皆様に心からお礼を申し上げます。

いい話ですね。被災地の子供たちの心を癒すのにヤギが大きな役割を果たしたのだ。ヤギは性格がおとなしく、愛嬌があり、人に擦り寄ってくるので子供たちから人気がある。

三陸町に贈られるヤギの輸送の模様が、宮古新聞、沖縄タイムス、琉球新報に掲載されているので概略を紹介する。

2012年9月9日付宮古新報には仲松教諭のおじいさんと新城代表が同じ宮古の出身ということで、人の縁について次のように紹介されている。

被災地の子に笑顔を　宮古の"縁"感じ新城さんら

中城村在の「はごろも牧場」代表の新城将秀さん（宮古島出身）が、このほど東日本大震災で被災した子供たちの笑顔を取り戻そうと、琉球大学などと共同し「笑顔のリレー、南三陸町へ山羊を届けようプロジェクト」チームを立ち上げた。

記者会見の様子。右が新城氏、左は研究員の平田氏。
出発を待つ2頭のヌビアン種。左はオスで右はメス。
メスは一時逃走した。

そして9月8日午後、雌雄2頭のヤギが空路、現地へ出発した。
このプロジェクトは、宮城県南三陸町の入谷小学校に勤める仲松晃教諭の依頼を受けたものであるが、仲松さんの祖父は伊良部島出身で沖縄とは縁が深い。仲松教諭は子供たちを元気づけるため、たれ耳で、見るからに愛くるしく、人懐っこい特徴のヌビアン種のヤギを導入し、子供たちとの触れ合いを計画していたところ、インターネットで同牧場で飼われていることを知り、今年6月に新城さんに連絡したとのこと。
事情を聞いた新城さんは「被災地の子供たちの力になるのであれば是非、協力したい」と申し入れを快く引き受けた。が、さあ、どうしてヤギを現地まで運べばいいのか大きな壁にぶつかった。そこで以前からヤギに関する共同研究などで面識のあった琉球大学の研究員・平田哲兵さんらに輸送方法などについて相談したところ、各方面へ協力を依頼した結果、全日本空輸(ANA)などから全面的な協力を受け、実現の運びとなった。
新城さんは「仲松先生のおじいさんは伊良部出身、私も宮古島出身。ただならぬ縁を感じる。今回のプロジェクトは、人の縁の力を最大限に生かした笑顔のリレーだと言える。子供たちの心の復興の一助となり、沖縄と南三陸町の架け橋になることを願う」と語った。
ヤギ2頭は9日午前にも子供たちの元へ届けられる見通し。同小学校は避難所となっており、同日は児童と地域住民らが「迎える会」を開くという。

(2012年9月12日付沖縄タイムスの記事から抜粋)

沖縄から南三陸町までの輸送が大きな課題だったが、平田研究員ら支援者が8〜9日にかけて、子ヤギのつがい2頭を飛行機とトラックで輸送した。が、途中、メスの子ヤギが仙台市の山中に逃走するハプニングもあったが、オスの1頭だけは9日に無事届けられた。

沖縄から癒しの子ヤギだよ

いよいよ、入谷小学校にはごろも牧場から生後5ヵ月の子ヤギが届いた。その日、学校の敷地内に建てられた仮設住宅の子供たちがヤギ小屋を訪れて、「かわいい」「いっぱいエサを食べる」と笑顔で世話をした。子ヤギは耳が垂れて愛らしいヌビアン種。ヤギに桑の葉を与えていた三浦汐音ちゃん(同小4年)は、「名前はなにしようか？ エサもよく食べるのでかわいい」。妹のなぎさちゃん

（同1年）は、メーメー鳴くヤギの表情を見て笑いながら「メスが一緒だとさみしくないのに……」とつぶやいた。

2人は今、津波で家を流され、学校グラウンドに設置された仮設住宅に住んでいる。汐音ちゃんは「学校が休みの時は誰も世話をする人がいないので、妹と2人でエサをあげる」と張り切っている。

仲松教諭は、「いろんな方の善意でヤギが届いた。逃げたメスヤギは捜索中なので早く戻ってきてほしい。ヤギの飼育が、子供たちの心のケアになり、笑顔も広がる」と喜んでいた。

レイをかけられて熱烈歓迎されるヤギ

マイホームへ引っ越すヤギたちと、興味を示す子どもたち

後日談　2012年11月、新城さんに対するヤギのお礼とヤギの近況を書いた作文と絵を携えて三陸町立入谷小学校の仲松教諭がはごろも牧場を訪れた。全部紹介したいが、3年生と6年生の作品の一部を紹介しよう。

3年　阿部大夢くん

ヤギがとうちゃくする前は本当に来るのかなと思いました。ぼくはびっくりしました。その週の日曜日、野球を見に来て、ヤギにえさをあげました。ぼくは毎日ちょこちょこ見ています。ぼくとヤギが目を合わせるたびにかわいいいと思います。名前もキュウちゃんとシーサーは少し覚えました。ぼくは、ヤギが毎日見れてうれしいです。ありがとうございました。

6年　山内惇椰さん

はごろも牧場のみなさんヤギを2とうもくれてありがとうございます。1年生から6年生までかわいがっています。ヤギの名前はオスがシーサーでメスはキュウちゃんです。ヤギは今元気です。ヤギは草をよく食べます。これは健康のしょうこだと思います。足は思ったよりも速かったです。いがいに速くてびっくりしました。ほかにも笑ったり、おどろいたりします。はごろも牧場のみなさん本当にありがとうございました。

3年　山内しゅうと君

ヤギの、ヨーグルト、ありがとうございました。ヨーグルトは、とてもおいしかったです。ぼくは、やぎにえさを、やりました。えさを、やったらいっぱいえさを、食べてくれました。やぎを、2ひきくれてありがとうございました。

3年　山内光くん

ぼくは、はじめてやぎをみました。その1ぴきのやぎは、つのがありました。そしてもう1ぴきのはなかったです。ぼくはびっくりしました。つのがはえているやぎがつのがはえていないやぎにいじわるします。2ひきもってきてくれてありがとうございました。

3年　阿部幹太くん

やぎ2ひきくれてありがとうございました。学校にやぎが2ひき来たので学校も、にぎやかになりました。見た感じも、すごかったです。さわった感じもふさふさしてて気持ちよかった です。やぎミルクもありがとうございました。2ひきありがとうございました。

3年　千葉陽太くん

ヤギありがとうございます。ぼくはサッカーを習っていて練習が終わってからぼくはヤギの所へ行ってみて手をさし出したらそっとなめてくれました。あばれないおとなしいヤギだったので安心しました。ヤギ、本当にありがとうございます。あとヤギののむヨーグルトもおいしかったです。

6年　菅原咲季さん

はごろも牧場のみなさん、ヤギの名前がきまりました。オスがシーサー、メスはキュウです。このごろえさやりが大変です。えさがないときは学校の周りを散歩させたりしています。でもえさの食べすぎでシーサーが太ってきました。なので、学校の周りを走らせています。健康のことにもきをつけるので動物を飼うのは大変だけど楽しいです。マラソン大会にヤギを走らせる話も出ています。シーサーのダイエットにもなるのでおもしろいと思います。ヤギは元気にくらしています。

6年　加藤美幸さん

はごろも牧場のみなさん。ヤギをくれてありがとうございます。すごくうれしかったです。わたしは、ヤギと散歩するのが楽しかったです。ヤギと走ってみたら、はやかったのでおどろきました。メスは「キュウ」でオスは「シーサー」です。ヤギがえさを食べているとき、おいしそうにたべているなあと思います。沖縄から来たヤギはすごく人になついてかわいいなあと思います。学校にヤギが来てとてもにぎやかになりました。はごろも牧場のみなさん、本当にありがとうございました。
（ヤギの絵が上手に描かれていました）

3年　元木琳久くん

やぎぼく場のみなさん、やぎをありがとうございます。もうやぎの名前は決まりました。オスの名前がシーサーです。メスの名前がきゅうちゃんです。ぼくはえさをあげました。すごくおいしそうに食べてました。やぎミルクもありがとうございました。これからもいっぱいえさをあげたいです。

> **4** 新聞記事から見つけたよ

地域おこしや行事にヤギを活用！ 各地の事例から

　ヤギは多面的な利用価値がある。カシミヤと呼ばれる高級毛糸は、文字通り毛用種であるカシミヤ種のヤギが生産する毛が原料である。カシミヤ種は主としてモンゴル平原で飼われている。
　また、肉用種として近年、世界各地でローカルヤギの改良に利用され注目されているのが、南アフリカ原産のボア種である。肉の歩留まりが良く、肉質は柔らかく、ジューシーでヤギ肉特有のにおいが少ないことから、沖縄の肉用ヤギの改良にも一役かっている。
　一方、ヨーロッパではヤギ乳を利用したチーズが高級品として食されている。ギリシャのヤギチーズはつとに有名で、春先の出産シーズンになると近隣国からヤギチーズファンがそれを目当てに押しかけるほどである。
　近年、沖縄でもヤギ乳生産農家が現れ、ミルク、チーズ、ヨーグルト等を生産し、次第に県民に認知され始めている。沖縄のヤギの改良に活躍したザーネン種はスイス原産の乳用種であるが、乳脂率が高いヌビアン種はアフリカ原産の乳用種である。
　このようにヤギの利用価値は多岐にわたっている。この他にもヒージャーオーラセーやセラピーアニマル、さらに生きた除草機としても、ヤギは各地で活用されている。
　その実態をいくつか新聞記事などを参照して紹介したい。

名護の地域おこしにヤギ

　名護市勝山区（具志堅弘道区長）では、シークヮーサー、ヤギ、山という「3つの宝」で地域おこしを推進している。2011年12月10日、勝山区制70周年と羊魂碑建立50周年の記念式典および祝賀会が同区公民館で開催された。
　羊魂碑とは食べたヤギの命に感謝し、供養するために1962年に建てられたものであるが、この碑を設計した屋部高志さんら200人あまりが集い、勝山の味であるシークヮーサーとヤギ汁、ヤギ刺しを堪能しながら地域の一層の発展を誓った。
　併せて、2011年11月に農林水産祭村づくり部門で農林水産大臣賞を受賞し

たことなどを記念して催されたものである。
勝山山羊生産組合の仲里政和組合長はあいさつの中で「豊かな自然に恵まれた勝山で、ヤギとシークヮーサーによる複合経営の確立を目指したい」と抱負を述べた（2011年12月10日 沖縄タイムス参照）。
いいですね。ヤギに感謝しつつ、美味しいヒージャー料理を味わいながらヤギを供養し、地域おこしを推進するこの催し、うらやましい限りである。

ヤギセラピーで大活躍

那覇市内の天久台病院の中庭で、2012年（平成24年）11月7日にヤギ触れ合い広場が開催された。認知症等の改善に犬やネコなどの動物との触れ合いを通して、心のケアに生かす療法がある。
ここでは「ヤギセラピー」の話題を紹介しよう。
ヤギは沖縄では身近な動物であり、ヤギセラピーとして活用出来れば、食用としてだけではなく、さらにヤギの利用価値が広がることから、関係者から注目されている。
ヤギセラピーを発案した天久台病院の作業療法士、東江悟さん（40歳）は、「ヤギの草刈り、つぶし方、ヤギ料理など、昔のことを思い出すことが1分でも1秒でも長くあった方が、認知症の進行を遅らせることが出来る」という。この日はデイケアの利用者ら100人以上がヤギと触れ合った。
認知症のお年寄りも昔を思い出して、「かわいい」「昔は食べました」「草刈りもしました」と、話が弾み表情も普段より明るく、これまでじっとしていたのにヤギを見て歩き出す人もいた。
認知症以外にも、うつ病や統合失調症の患者にも効果が見られるのか、定期的にヤギセラピーを続けていきたいと話す。
東江さんは、いつも散歩する大石公園にヤギが飼われているのを見てヤギセラピーを思いつき、大石公園のヤギ愛好会の大城永一会長に協力を申し入れたところ快く引き受けてもらい、今回のヒージャー触れ合い広場が実現した。
大城永一会長（65歳）は、現場に立ち会ったが、笑顔でヤギと触れ合うお年寄りを見て、「涙が出るほど嬉しい。沖縄にはヤギ文化があり、病と闘う方に少しでもお役に立てればこんな嬉しいことはない」と喜んでいた。

　　　　　（2012年11月13日 琉球新報、同11月20日 沖縄タイムス参照）

キャンペーンにも大活躍

2010年7月12日、夏の交通安全県民運動の出発式と青少年深夜徘徊防止大会が、今帰仁村仲宗根の村コミュニティーセンターで開催された。
村内の小・中学生や交通安全協会メンバーら約200人が参加した。参加者等は「飲酒運転ダメ〜」と書いたプレートを下げたヤギの親子を先頭に、村内の国道505号をパレードして交通安全を呼びかけた。

国頭と与論　交易再現　木材とヤギ交換

戦前から国頭村と与論町は資材や家畜などの物々交換をしてきた交易の歴史があり、今回はその交易を再現させた。与論町の久留満博副町長からはヤギ2頭、国頭村の宮城久和村長は木材をそれぞれ出して交換した。
良い話ですね。ヤギは意外なところでも活躍しているんですね。
(2016年12月5日琉球新報参照)

ヤギさん 役所に出勤　生きた除草機として活用

2013年5月8日のこと、那覇市泉崎の那覇市役所新庁舎前のガジュマルの木に雑草の除草と市民との触れ合いを目的に、大石公園にいる3頭のヤギが派遣されてきた。
訪れた市民はこのサプライズに驚きながらもヤギとの交流を楽しんだ。
これは市の城間幹子教育長のアイデアで、「草が伸びてきたので、ヤギに草を食べさせ、ヤギと触れ合いが出来れば一石二鳥だ」との思いが実現したもの。大石公園のヤギは特別協働大使として活躍しているが、派遣されてきたヤギ3頭は、公園のヤギ22頭のボス的存在のオス・あられ(3歳)、ボア種のメス・かぼちゃん(2歳)、かぼちゃんの娘・スミレちゃん(3カ月)がガジュマルの下でのんびりと過ごした。
その後、大石公園のヤギたちは2カ月に1回のペースで、市役所前のガジュマルの下に派遣され任務を遂行している。
ヤギの世話をしている大石公園ヒージャー愛好会の大城永一会長(65歳)も協働大使として活躍している。
大城会長は、「沖縄では昔からヒージャーグスイ(薬膳)としてヤギが利用されてきたが、大きくなったらすぐ食べてしまうのではなく、ヤギと触れ合う中から

子供たちに生きた教材として、ヤギの好きな草や木の葉、寿命、妊娠期間等について、学習する機会になれば」と話していた（2013年5月14日琉球新報）。

本土からのヤギを一手に引き受ける
比嘉洋明さん（1945年生まれ）福岡県在住。
今帰仁村生まれだが、小学5年生の時に福岡へ移住し現在に至る。28歳の時、今帰仁村在の祖父の85歳の宴席でヤギの話を聞いたのがヤギと関わるきっかけとなった。
本土のヤギはほとんど乳利用で、ヤギ肉を食べる風習はほとんどない。したがって廃用になったメスヤギの処分と大きくなったオスヤギの処分に困る。これらの悩みを一手に解決してくれる助っ人が洋明さんだ。
昭和50年代には北海道、東北、信州及び九州各地から、これらのヤギを買い集め沖縄へ輸送した。荷台を2階建てに改造した専用の4トントラックで1回に50〜60頭ほどのヤギを陸送とフェリーで毎週ピストン運行したというからすごい。月にすると200頭から250頭のヤギを運んでいたことになる。
ヤギを降ろした翌日は牛のセリでぬれ子（生後1〜2カ月の子牛）を買い集め福岡へ帰り、これを肥育業者に販売するという誰も考え付かなかった商売を始めたのが比嘉さんだ。復帰翌年の1973年から続けているので43年以上にわたりヤギと関わっていることなる。
また、20年ほど前になるが、小笠原諸島の無人島である婿島に野生ヤギが著しく繁殖し、自然環境を破壊しているとのことで、環境庁（当時）は2000万円の予算で駆除事業を始めた。比嘉さんはその下請けでヤギの捕獲に立ち会ったことがある。
追い込み漁よろしく島の平地にネットを張り巡らし、一網打尽にヤギを捕獲する発想である。1回に追い込みで80頭ほどが捕獲できたので、2回で150頭ほど捕獲したことになる。残ったヤギは鉄砲で処分したとのこと。
その時の話が面白い。ネットに追い込まれたヤギの集団は弱いメスや子ヤギを内側にして屈強な雄が外側を包囲しぐるぐると回っていたという。
捕獲したヤギは船で福岡まで運び専用トラックに移し替えて鹿児島まで陸送し、そこからフェリーで沖縄へ運んだが、野生のヤギは人間が与えたエサを食べようともせず、船酔いや恐怖心などにより大部分が死んだようだ。生き残ったヤギ

も無人島で無菌状態で育った環境から、細菌やウイルスがウヨウヨしている下界へ来たためにほとんど死滅した。

無人島なので船を横付けする桟橋がないため、仮桟橋の設置や2泊3日の滞在に伴う食糧の輸送、万一のために医師と食事を準備する5人のコックを同行させるなど、準備に相当の予算がかかったようである。

左は上原ヤギ肉専門店の女将、右が比嘉さん

左から比嘉、上原、砂川、二階堂NHK記者。右端は筆者

お得意さんの呼び込みに重要な役割を果たすヤギ汁

リョービ販売株式会社（浦添市伊祖）は、毎年6月になるとお得意様への御礼と新規顧客の開拓を目的として製品の展示会を2日間にわたり開催している。似たようなことは他の会社でもやっていると思われるが、(株)リョービはなんとその期間中に400人分のヤギ汁を準備するというから半端ではない。

他にもソーキ汁、沖縄そば、ジューシー（沖縄風炊き込みご飯）等7種類のメニューを無料で20年以上にわたり提供し続けているというから凄い。

毎年ヤギ汁の注文を受ける上原山羊肉店の女将から「今年は6月11（土）と12（日）だからネ」と連絡を受けた。

あいにくの小雨模様だったがヒージャージョーグーの県調理師会事務局長の高嶺貞裕氏を伴って出かけた。高嶺氏は調理師でありながら、「もっとも美味しい料理はヤギ汁」というほどの猛者である。

7種類のメニューのうち一番人気はヤギ汁で最初に品切れになる。私たちが

テントの中は常に満席状態だ

山下社長（右）

ヤギ汁コーナーは一番人気

満足げな高峰さん

到着したのは11日の午後3時頃だったので残っているか心配だったが、小雨模様の天気のせいでまだ残っていた。
最も混雑する時間帯の写真を撮るために12日の12時前に再びお邪魔した。テントの中はすでに客で一杯。ヤギ汁コーナーはやはり並んでいた。
私たちはしばらくこの情景を眺めていたが、腹の虫が治まらず昨日はヤギ汁2杯を食べたので、今日はソーキ汁にした。これもコクがあり、なかなかうまい。私のために岸本さんはソーキを3人前ほどサービスしてくれた。ソーキ汁で我慢しておけばいいものをさらにヤギ汁を注文した。
それにしてもウチナーンチュのヤギ汁に対する愛着は感心するほど高い。私たちはこの食文化を子々孫々まで守っていかなければならないと変なところで気を引き締めた。

模合にもヤギ汁が大好評

沖縄の伝統的な模合（頼母子講）とは、座元が呼びかけ人となり、例えば1人1万円で10名の会員を集めると10万円になる。座元がそれを最初に取り10カ月で1回りする。参加人数は何名でも可であるが、12名程度が1年区切りで適当と思われる。金額は5000円くらいから100万円以上のものまであり、中には複数の模合を掛け持ちしている方たちも見受けられる。

事業を起こす時に銀行から借り入れすると利息が高いうえに手続きがうるさい。そのために知人・友人を誘って手っ取り早く金を集める手段として発達してきた習慣である。

集まる場所は居酒屋、食堂、レストラン、あるいは会員の家庭などさまざまである。模合のお金とは別に食事代や呑み代を別に徴収する場合と模合の金に含める場合とがる。筆者は異なる模合を4つ掛け持ちし、週1の割合で模合を楽しんでいる。

ここに紹介する模合は、毎月第1水曜日に市内の小さな居酒屋で開かれるが、今回は特別に那覇市公設市場で長い間ヤギ肉店を経営している上原さんの家でのヤギ汁模合となった。

ヤギ料理に関してはプロ中のプロであり、ヤギ汁やヤギ刺しの味は抜群であった。普段はヤギの話もしない人が、その日ばかりはものも言わずにおいしそうにヤギ汁を啜っていた。良いですね、ヤギ汁模合は。

話は変わるが、かつて宮古島の宮城さんらは、ヤギを飼っている仲間同士でヤギ模合をし、ヤギ料理と泡盛で和気あいあいとしていたことが思い出される。

ヤギ汁を前に嬉しそうな
左から高嶺、張、筆者

こちらはお酒で乾杯

column 3　沖縄の伝統的なヤギ調理法について知る

沖縄においてヤギ肉はスーパーなどで常時販売されているわけではなく、必要な時にヤギ肉専門店などに注文して利用するのが一般的だ。

ヤギ汁

ぶつ切りにした皮付き肉、四肢、骨付き肉などを大鍋に入れ、次いで小腸、大腸、胃を入れる。この三品は内臓臭を少なくするため、粘膜面を反転させて水洗いした後、塩や小麦粉でもみ、さらに水洗いし2～3センチ大に切っている。さらに肺・心臓・肝臓などの内臓や、凝固させた血液を入れて3～4時間煮込んだものがヤギ汁である。大根やニンジン、冬瓜、昆布などは入れない。

ヤギ汁は、宮古諸島と八重山諸島は味噌味であるが、沖縄諸島では基本的に塩味である。少量の塩で味付けした大鍋の汁をどんぶりに入れたあと、各人の好みで塩加減するのが一般的である。薬味はおろしショウガとヨモギの葉だけであるが、与那国島ではヨモギの代わりにサクナ(ボタンボウフウ)、久米島ではクワの若葉を使用するところもある。

ヤギ汁の残った汁にはご飯を入れ雑炊にして食する。近年はご飯の代わりに沖縄そばを入れる場合もある。

刺身

かつてヤギを処理する時には、ワラや枯れ草を用いて屠体を焼いて脱毛していた(現在ではガスバーナーを使用する)。カツオのたたきのように半焼にすると皮付き肉は香ばしくなり、刺身にすると美味である。また、ロースなどの赤肉も刺身に利用されている。刺身は醤油に酢を加え、おろしショウガを添えて賞味する。シークヮーサー(ヒラミレモン)の収穫時期には、これを加える。

チーイリチャー

沖縄のヤギ料理は一滴の血液も無駄にすることなく利用する。チーイリチャーは沖縄の伝統的なヤギ料理の中で唯一の炒め物である。ヤギ汁の大鍋から皮付き肉、もも肉などの赤肉、内臓などを取り出して凝固した血液を加えてもみ、ニンジン、タマネギ、ニラ、季節によってはニンニクの葉などの野菜を加えて炒める。しかし量が限られており多くの人には分配できない。

復帰前のヤギ汁調理光景

シンメーナービでヤギ汁を作る様子は祝い事などでお馴染みの光景であった。
ヤギの解体時には血を捨てずに、写真のような容器にためて、血液を固めるための塩を加えていた。

内臓は酢と小麦粉をまぶしてもみ洗いを繰り返し、30分ほど強火で煮たあとに一口大にカットする。そこに先に取っておいた血液をまんべんなくまぶすことで内臓臭は風味を増し、ヤギ汁は一段とおいしくなる。

column 4
ヤギのセリ市風景を見学してきた

平成28年7月7日。
小雨模様の中、今帰仁家畜市場のヤギのセリ風景を見学してきた。セリは12時ちょうどに始まった。

出番を待つ飼い主

出品前に談笑する飼い主ら

新しい飼い主のもとへ

雄48頭、雌45頭、合計で94頭のヤギが上場された。ヤギのセリ市は全国的にも珍しい沖縄ならではの風景だ。糸満市にある南部家畜市場のヤギのセリは以前からあったが、今帰仁家畜市場のヤギのセリ市は昨年の11月から始まり、3カ月に1回の割合で開催され、今回で3回目だ。
近隣の伊平屋島や与論島（鹿児島県）からの出品もあるそうだが、離島の悩みはヤギ農家が個人でヤギを運びこまなければならず、農繁期には負担になる（牛の場合にはJAがまとめては取り扱うので農家の負担は少ない）。
その上、セリ値が合わないと持ち帰ることになって、これもすべて自己負担である。こうした離島のハンディーは重い。村役場やJAは親身になってヤギ農家の保護育成を図ってもらいたい。
12時前には到着したが係留場にはすでに計

種用の大型ヤギが登場。購買人らは電光掲示板の値段に真剣に見入る

量を終えたヤギたちが出番を待っていた。ザーネン系のヤギが主であるが、アルパイン、トッケンブルグ、ボアなどさまざまな種類のヤギたちがいて見ているだけでも楽しい。

会場は購買人、飼育農家、見学者でにぎわい、ほぼ満員だ。私は前列から2番目の席に着いてしばらく様子を見ていた。

仕切りの威勢のいい掛け声とともに電光掲示板の数字が上がっていく。雄雌、年齢、大中小、品種などにより値段はまちまちだ。

場内はクーラーが効き快適だ。進行はスムーズに進んでいき、1時間ほどで終了した。

ヤギのセリ市場

① 南部家畜セリ市場（糸満市字武富）
年に6回、偶数月の7日に開催される。ただし、7日が土日に当たる場合は日程が前後する。

② JAおきなわ今帰仁支店今帰仁家畜セリ市場（今帰仁村字仲宗根）
年に4回開催（3月、6月、9月、12月）

WELCOME
TO
Goat Paradise Okinawa

第四章

愛のひとさら
ヒージャー料理！

ヒージャー大好き沖縄では、ヤギ汁やヤギ刺しなどの伝統的な料理から、炒め物、そして創作料理まで、さまざまなヤギ料理が食べられている。

そんなヤギ料理を味わってきました。

県内各地にある老舗ヒージャー料理店の
定番メニューや名物オーナーのレポート。

ニューフェイスが生み出した創作料理に
旅先のスリランカで出会ったヤギ料理。

さらに、お店以外では、どんな場所で
ヒージャーが食べられているのか？

ヤギの新しいおいしさと魅力に迫りたい！

ヒージャージョーグーならではのレポートです！

親子で営む
沖縄市の名店

Data　山羊料理の店　ぬちぐすい
Address　沖縄市松本 3-1-18
Telephone　098（929）0172

● 沖縄市の法務局の近くにあり中部ではつとに知られている。前の経営者が 30 年以上にわたり営業していたヤギ料理店を 11 年ほど前に譲り受け今に至る。現在は与那覇健さん（1970 年生まれ）が実質的なオーナーだが、ご両親が常にお手伝いをしている。

● 父の政行さん（1949 年生まれ）は、沖縄市の市民会館の近くでヤギを 12、3 頭飼っていたそうで、そのときは午前中はヤギの世話に追われていた（朝 1 回のみの給餌で多めに与えていた）。そして午後から料理屋の手伝いで店に出る。自分で育てているので安心・安全なヤギ料理を提供できるのが自慢だ。

● メニューは多様。友人の宮里栄徳氏を伴っての取材だったが、1 度では全て食べきれずに再訪することに。ヤギ汁定食、ヤギじゅーしー、ヤギ汁（中）を注文した。いずれの料理も薄い塩味で味付けされており、好みにより塩を加えるようにしている。私がヤギ汁とヤギじゅーしーを頼んだので、1 人では多すぎるのでヤギ汁は（中）サイズにしましょうと助言してくれた。初めての店であったが親切にしてくれた。

● ヤギ汁は肉や内臓が適度に煮込まれ、島ヒージャー独特の歯ごたえとスープは濃厚で鼻腔へ抜けるヤギの匂いが口と鼻で渾然一体となり、しばし幸せな気分に浸る。ヤギじゅーしーは、凝縮されたヤギ汁の旨味にヤギ肉と飯が絡まりそれにフーチバー（ヨモギ）の香りと生卵が加わり、素敵な味と香りのハーモニーが口中で乱舞する。熱いじゅーしーをフハフハ云いながら食べる醍醐味はたまらない。

MENU
ヤギロース炒め 900 円、ヤギじゅーしー 800 円、ヤギ汁（中）1400 円、（大）1600 円、ヤギ定食 2000 円、ヤギ血イリチャー 1000 円、ヤギ刺身 1000 円、ヤギ炭火焼 400 円、ヤギそば 800 円など種類が豊富だ。

ボリューム満点
女将の経営するお店

Data	山羊料理　ひろ
Address	沖縄市山里 1-3-3
Telephone	090 (5481) 8336

●プラザハウスから沖縄市方面へ2、3分車を走らせて山里三叉路を球陽高校向けに左折し、30mもいかない所の右手に金物屋さんが目に入る。その隣が「山羊料理店 ひろ」だ。偶然に見つけた店で、機会があれば入店したいと思っていた。

●訪ねたのは夜のとばりがおりて暗くなりかけの5時ごろだったが、提灯に火が入っていてほっとした。近隣のヤギ農家へのインタビューを終えての帰り、友人の宮里栄徳氏を伴ってのれんをくぐった。6時からのオープンにも関わらず、40代くらいと思しき男性がヤギ汁に舌つづみを打っていた。

●その客が帰った後、女将の比嘉弘子さんに「常連さんですか」と尋ねた。ヤギ汁の魔力にとりつかれよく来るらしい。最近、ヤギ肉が値上がりしたためにヤギ汁は1杯1200円に改定したが、1000円時代にはクラブ活動を終えた球陽高校の生徒たちが集団で食べに来たそうである。学生にとって200円の差は大きいようだ。

●客層は酒を目当てに来る客とヤギ汁を食べに来る客とに分かれるそうである。なるほど私たちが入店する前にいた常連さんはヤギ汁をすすっていたが、帰る少し前に入ってきた別客は泡盛をチビリチビリ呑んでいた。

●ヤギ料理屋を経営するきっかけを聞いた。とりたててヤギとは縁がなくて見たこともなかったが、11年前、ヤギを飼っている人との共同経営の話が出て始めた。
メニューにはヤギ汁1200円、ヤギ刺し1000円、ヤギそば600円、ヤギジューシー600円とある。私たちはヤギ汁とヤギ刺しをそれぞれ注文したが、女将はセットにするとお得ですよと薦めた。つまり単品でヤギ汁とヤギ刺しを注文すると合計で2200円になるが、セットでは1700円だという。女将は親切にも一見さんに有利なメニューを薦めたのである。いいですね。

女将の比嘉弘子さん

●ヤギ汁には大きくカットした皮付き肉や赤肉がゴロゴロ入っており、こんなに肉を入れて採算が採れるのか心配になるほどである。スープをひとくちすすると、ダシ骨、肉、内臓から抽出されたダシが口中に広がり、ほのかなヤギの匂いとヨモギの野性的な匂いが鼻腔を突き抜ける。まさに至福の瞬間だ。写真のような鮮紅色のヤギ刺しが食欲をそそる。皮つきの刺身がこれまた素晴らしかった。

Goat Restaurant

屋富祖大通りの老舗 さすがの味わい

Data　まるくに山羊料理店
Address　浦添市屋富祖 3-7-13
Telephone　098(879)7266

● 国道58号から屋富祖大通りに入るとすぐ右側に「まるくに山羊料理店」の看板が見える。入り口は狭いが店内はウナギの寝床のように細長い。私たちは奥座敷に陣取った。

● メニューは豊富。食べきれないので宮里氏はヤギ汁定食（2200円）、私はヤギそば（900円）とヤギみそ和え（1100円）を注文し、シェアーして食べた。ヤギ汁をひとくちすると、繰り返し煮込まれた濃厚なスープが口腔粘膜に染み渡る。ヤギ肉は濃厚なスープと相まってとても美味しい。ヤギ刺しは新鮮なピンク色で見るからに食欲をそそる。ヤギそばはボリューム満点で、大食いの私でさえもてあますほどだ。

● 特筆したいのはヤギみそ和えだ。ヤギ刺しはどこでも食べられるが、みそ和えは珍しい。味噌、酢、砂糖のバランスが絶妙で泡盛やご飯のおかずとしても申し分ない。これは是非広めたい逸品だ。
女将の与儀恵美子さん（1951年生）とは、先代の国田健次郎さんが南風原町宮平で同名のヤギ料理店を経営していた頃からの知り合いである。健次郎さんのことは拙著『沖縄のヤギ〈ヒージャー〉文化誌』でご登場いただいたので興味のある方はご覧いただきたい。今は亡き健次郎さんは損得を抜きにして、ヤギ汁1杯分の料金1000円で2杯も3杯もおかわりさせ、客が美味しそうに食べているのを見て喜んでいた豪快な方だった。しかし、恵美子さんはそれを見ていつもワジワジーしていたとのこと。

● 恵美子さんは膝痛のため、友人の泉川いつこさんに経営を任せることになっているようだ。開店は午後5時、閉店は午前4時。この界隈にはスナックや飲み屋が軒を連ねており、仕事帰りのホステスさんや酒飲み、タクシーの運転手が酔客やヒージャージョーグーらを連れてくることもしばしばという。最近は若者や女性客が1人で来たり、本土からネットで検索して訪ねてくる観光客も多くなっていると女将は話してくれた。

ヤギみそ和え

ヤギ汁定食

> MENU
> ヤギ汁（大 2000円、中 1500円）、ヤギ刺し、ヤギそば、ヤギジューシーなどの他に、ヤギチャーハン、ヤギカレー、ヤギみそ和えなど。

ヤギにまつわる女将のトークも魅力

Data　山羊料理　はなじゅみ
Address　那覇市久茂地 2-17-1
Telephone　098（862）1182

● 女将は宮里清美さん（1945年生）、那覇市垣花出身。現在地で創業し35年になる老舗だ。創業時の常連さんは高齢化してほとんど見えないのでさびしいが、変わって本土からの若い観光客が多くなった。近年は地元客と観光客の比率が半々になり、女性客の増加が目立つようになってきたと話す。

● 清美さんは琉球舞踊の師範で店名はそれにちなんでいる。店内の装飾にもそれに関するティーサージやムンジュル笠が飾られている。老舗だけに県内外の新聞で紹介された記事が多数掲示されている。女将の会話が面白くて笑いが絶えない。

● 3年ほど前に琉球大学の砂川教授（現名誉教授）らのグループによる、「ヤギ汁を食べても血圧は上がらない。上がるのは塩分が原因」という研究結果が新聞に掲載された後、それを読んだ入院患者が寝間着とスリッパで病院から抜け出してヤギ汁をすすりに来た。食後に「ヌチグスイ（命の薬）ヤッサー」といって帰ったそうである。

● また1999年に桂三枝さんが来店した際、ヤギの睾丸刺身を黙って出したところ、彼は「魚の白子か、ウニのようだ」と「旨い」を連発しながら平らげたそうである。この感動を色紙にしたため清美さんに贈った。

● ヤギ汁（1500円）は継ぎ足しされた秘伝のスープがもとになっておりアジクーターだ。肉も適度に煮込まれていて特に皮付きが旨い。チーイリチャー（1500円）泡盛の肴やおかずとしても逸品だ。ヤギ刺し（1500円）は赤肉と皮付きが半々に盛られているが、原料のヤギ肉が値上がりしたせいか以前に比べると少な目になっている。

チーイリチャー、皮付きと赤肉のヤギ刺し

Goat Restaurant

珍しい血入りの汁を
石垣で味わう

Data	五升庵
Address	石垣市字白保 759-12
Telephone	0980（86）8770

アジクーターのヤギ汁 1250 円

●店長の迎里勝二さん（1955年生）は自分でもヤギを飼っており、安全・安心な島ヤギを店で提供している。「われら、ヒージャー農家！」の章でも登場しているのでご覧いただきたい。

●空港から市内へ向かう途中で、5分もすると右側に緑色の屋根と白壁のモダンな建物が目につく。ここが五升庵だ。なるほどのぼりや看板にはヤギ汁と書かれているが既存のヤギ料理屋にはない明るいイメージだ。オープンして5年目とのこと。12時前に入店し予約席に陣取りヤギ談義に花を咲かせていたが、そのうち続々と客が入ってきた。地元でも人気店のようだ。ヤギ汁が一番の売れ筋とのことであるが、各種定食や八重山そばなども常備され、ヤギ汁が苦手の人でも気軽に入れる。案内してくれた平田獣医師、石垣市ヤギ生産組合長の宮国さんともどもヤギ汁を注文した（ご飯、ゴーヤーチャンプルー、お新香付き）。

●八重山のヤギ汁は味噌味との先入観があったので五升庵のヤギ汁もてっきりそうだと思っていた。見た目も正にそうだったが、実は珍しくそれは血液入りのヤギ汁だったのである。今のところヤギの血液は屠畜場から持ち出すことが出来ないらしく、代用として豚の血液を使用している。

●伝統的なヤギ汁は胃や腸の内臓はもちろんのこと脳みそも血液も有効に利用していた。これが正統なヤギ汁である。しかしながら、牛のBSE（狂牛病）発生以降、ヤギの脳みそや血液は廃棄されるようになった。もったいない話である。一日も早く伝統的な本物のヤギ汁が食えるようになって欲しいものである。

こぎれいな外観で好感が持てる

●ここのヤギ汁は塩味だが単なる塩味ではない。血液の濃厚な旨みと骨や肉や内臓等から滲み出た旨みが合体し、見事な味に仕上がっている。通常沖縄本島ではヤギを屠殺・解体する時にはあらかじめ、鍋やバットに塩を入れておき放血と同時に血液と混ぜ固めた後、それを3〜4cmにカットし、豆腐状になったものをヤギ汁に入れるのが伝統的な血液の使い方であるが、石垣の場合これとは異なっていた。

宮古の新顔
牛汁・馬汁なども

Goat Restaurant

Data　満月食堂
Address　宮古島市平良字大浦 137
Telephone　0980（73）3383

● 市街から池間大橋に向かう県道沿いの右側。キビ畑に囲まれた広大な駐車場とかまぼこ型の黄色いコンセットが目につく。これが満月食堂だ。
この店は以前全日空の機内誌に紹介されヤギ肉汁が食えると紹介されていたので、機会があれば是非訪ねたいと思っていた。

● 女将の下地栄子さんによると、広い駐車場は台湾などからクルーズ船が入港すると一杯になるそうである。宮古島の人たちは肉食系が多いらしく、牛汁、馬汁、ヤギ汁などのメニューが充実している。
昨日は多良間で明日は石垣でヤギを食べなければいけない私は、さすがに今日は牛汁

これはたまらん、ダイナミックな切り口

満月食堂の外観と女将の下地さん

を注文したが、それではヤギ汁の評価はできない。案内してくれた川上政博君から、味見をする分だけ小さなお椀にヤギ汁を分けてもらった。7センチほどにカットされたダイナミックな骨付き肉が入っていて食べ応えがあり、一瞬、食いしん坊の筆者はヤギ汁にすればよかったと後悔した。

● 次いで味噌味のスープを一口すするとヤギ独特の芳香が鼻腔を突き抜け、同時にヤギ肉や骨から抽出された深い旨みが口中に広がった。
店は 2012 年 6 月創業だから、2018 年 6 月には満 6 歳になる。定休日は基本的にないが、毎日午前 10 時から午後 4 時までとのことだ。

Goat Restaurant

伊是名の
多角経営ヒージャー屋

Data	まる富
Address	伊是名村字諸見里135
Telephone	0980 (45) 2666

● 投宿した「なか川館」の女将さんに紹介してもらったヤギ料理店はなんと、「しまなあぎ」というおみやげショップだった。店内にはさまざまなお土産品が並べられ、壁にはTシャツがディスプレイされている。いささか場違いの感がしたが、尋ねてみるとヤギ汁があるというので注文した。店の中央には十数名が座れるテーブルがセットされており、めいめい勝手に座った。

● ヤギ汁の他には何があるのか、訊いたら何でもあるという。不思議な店だが種を明かせば向かいの居酒屋とは同じ経営者である。だからどこで食べても同じことである。女性陣は魚の煮付けやゴーヤーチャンプルー、男性陣はヤギ汁（1500円）をオーダーした。ご飯のおかわりは自由だが、期待していたヤギ汁は量が少なく、あっさりしす

ぎて物足りなかった。しかし、後で入ってきた地元客のヤギ汁は私たちのものに比べると明らかにその内容やボリュームに差があった。一見さんも常連さんも等しく対応してもらいたい。

● 代表者の仲田冨好さんの名刺には「民宿まる富代表者」「おみやげショップしまなあぎ」「まる富弁当」などが記されており、多角経営者だ。

Goat Restaurant

定食950円
自家産で良心的価格！

Data	食事処 城木屋
Address	名護市字宇茂佐の森1-1-2

● 国道58号と国道449号が交差する目立つところに位置しており客は多い。うな重定食、カニ汁定食、魚汁定食、サイコロステーキ定食等に混じってヤギ汁定食（950円）

などメニューは豊富である。
もちろん筆者と友人の宮里氏はヤギ汁定食にした。刺身は付いていないので別にとる。ここは自家産のヤギ肉を使用しているが、原材料のヤギ肉が高いので950円は良心的だ。

● 一口すするとヤギ汁特有の芳香が鼻腔を突き抜ける。肉はよく煮込まれているが量は少なめ。スープはやや塩辛く、好みにもよるが私には少し物足りない味だった。

ミニ動物園もある味わい深いお店

Goat Restaurant

Data　中川牧場 食肉加工・食堂
Address　読谷村字渡具知 615-1
Telephone　098（957）3060

●代表者の中川京貴さんは県会議員だ。拙著『沖縄のヤギ〈ヒージャー〉文化誌』で父上の栄福さんとともに登場願ったご縁で親しくお付き合いさせていただいている。国や県にヤギに関する要望や陳情等がある際には真っ先に相談している。

●我が国で牛海綿状脳症（BSE＝狂牛病）発生以来、ヤギの大腸や小腸は危険部位とされ全部廃棄の対象となっていたが、これを県や厚生労働省に働きかけて食用として復活させたのも氏の功績のひとつである。

●中川さんは、２カ月に１度開催される南部セリ市場（糸満市）でのヤギセリには必ず顔を見せるようにしている。議会とセリが重なる場合には、早めにセリ市場へ行き、購入予定のヤギを品定めし、上限額を助手に指示してから議会へ向かうという念の入れようだ。長年の経験からヤギ汁用のヤギと刺身用のヤギは区別して購入している。

また、中川さんは「現在の県内産のヤギ肉の高止まりに本土の大手商社が目を付け、海外からチルドでヤギ肉を輸入するようになると県産ヤギ肉は太刀打ちできなくなる」と警鐘を鳴らした。

●中川牧場には牛、馬、羊、ヤギ、アヒルなどの家畜のほか、猿、エランド、クジャク、リクガメなどの野生動物が飼われていてミニ動物園の様相を呈している。休日には多くの親子連れが訪れにぎわう。その一画には食堂が併設されており、新鮮で安全な牛汁、ヤギ汁、アヒル汁などの他、各種定食や牧場ランチを食べることができる。

●私が訪れた昼食時には近郊で働く労働者風の男たちが、美味しそうにヤギ汁や牛汁を食べていた。私はヤギ汁（1300 円）とヤギ刺し（1000 円）を注文した。ヤギ汁は自家生産だけあって大きめにカットされた肉がごろごろ入っている。適度に煮込まれた皮

付き肉や肉の付いた骨をしゃぶる醍醐味はこたえられない。スープは時間をかけて煮込まれており、一口啜ると濃厚な旨みが口中に広がり飲み干すのが惜しいほどである。

●持ち帰り用に真空パックされたヤギ汁やヤギ刺しも準備されている。刺身は持ち帰り用の真空パックを解凍し食堂でも食べられるが、その量の多いのにびっくりする。

オリジナル料理多数
糸満のニューフェイス

Data　居酒屋ヤギ処
　　　　山羊汁べぇーべぇーべぇー食堂
Address　糸満市西崎 2-36-13
Telephone　090（7166）2969

● ユニークな店名である。平田健さん（1977年生）が店長を務める。若いがしっかり者でかつユーモアを解する人物だ。

● ヤギ肉はすべて糸満市摩文仁石嶺原にあるべぇーべぇーべぇー牧場の自家産。オープン3年目だが牧場でのヤギ飼いは10年、現在30数頭飼っているので毎日のエサの確保は大変だ。基本的に青草給与が主体だが、乾草は常時購入しストックしている。繁殖ヤギには配合飼料を与えている。ヤギの世話が終わってから店へ出勤する。

● 最近、ヤギ肉が高騰し入手が困難となり、閉店に追い込まれているヤギ料理屋の実情を話したところ、平田さんは不思議そうな表情をした。その噂は知っているが深刻さは感じてないようだ。どこかで売り惜しみをしているのではないかとも話す。

MENU
ヤギ汁（大）1300円、（小）1000円、ヤギ定食 1800円。ヤギ雑炊 900円、チーイリチャー1000円ヤギ刺身1000円、ヤギ炒め 1000円、ヤギ煮付 1300円とあり種類が豊富だ。

筆者もほうぼうのヤギ飼育者を訪ね歩いているが、50頭100頭と飼っている農家に遭遇している。昨今の高騰はセリで値上げ合戦をしているせいもあるのかもしれない。

● 平田さんいわく、「ヤギ料理屋や居酒屋におけるヤギ料理の質が落ちている」と客からよく言われるらしい。だが、島ヤギが高騰しており、商売上仕入れ価格が安い輸入ヤギ肉を使わざるを得ないからだろうと話す。和牛と輸入牛肉との違いを例にあげて指摘する。値段が安い輸入ヤギ肉よりも、高くても美味しい島ヒージャーを選ぶ客であれば納得するのではないか、という。

ヤギ肉煮付けはここでしか味わえない逸品

● その日は女性には珍しくヒージャージョーグーを自認するTさんを伴って18時に入店した。メニューは豊富だが、1人ではせいぜい2種類ほどしか食べられないのでTさんを助手に連れてきた。カウンターに座るや否や、店の電話が鳴って持ち帰りの注文が入った。しばらくすると2人連れが私たちの隣に座った。忙しそうなのでインタビューは調理を進めながら。地元客は8割方が男性とのこと。最近は観光客や女性もちらほら見えるらしい。

キャベツとヤギのコラボはいける

わかる。噛むと弾力はあるが柔らかい。次いでフーチーバー（ヨモギ）とヤギ肉の煮つけ。肉がゴロゴロ入っている。時間が早かったせいか少し煮込みが足りなかったが味付けがよくて酒の肴にも最高だ。ヨモギの苦味とヤギ肉の深い旨みが何とも言えないハーモニーを醸し出している。

ヤギ炒めはキャベツと炒めたものだが、これも飯のおかずとしても酒の肴としても絶品だ。ヤギ汁は薄めの塩味でコクがあり美味。

平田さんの料理人としてのセンスが感じられるヤギ料理に満足して店を後にした。Tさん謝々。

●どうしても食べたいのはオリジナルのヤギ煮付けとヤギ炒めだ。他にはヤギ刺しとヤギ汁の大を注文しシェアした。ヤギ刺しは肉の色が鮮やかで冷凍ではないことが一目で

かつてのヤギどころで
イタリアン風ヒージャー

Goat Restaurant

Data	やぎとそば　太陽
Address	うるま市石川 2-10-18
Telephone	098（965）3133

●旧石川の街（現在のうるま市石川）はかつてテビチ汁やそばで名を馳せていたが現在はその面影はない。そんな中、2017年に開店したばかりの「やぎとそば　太陽」のオーナーシェフ中西洋陽さん（1979年生まれ）から5000円分の食事券をいただいていたので、ヤギ好きの宮里氏を誘って行った。

●「いらっしゃいませ」と若い女性の明るい声がかかる。2時近くだが次から次に客が入店してくる人気店のようだ。ファミリーで利用できるようにステーキ、カレー、沖縄そばなどのメニューも豊富。ヤギは父親が34頭飼っており、時々はお手伝いもするようだ。

●中西さんはこの店を開店する前にそば専門店で半年ほど修行をしたというが、イタリアンやフレンチの店で修行をしたわけではないという。しかし、メニューにはこれまで

やぎボロネーゼ

見たこともないヒージャー料理の数々が記されている。これは期待できそうだ。宮里氏はヤギ定食（大・2480円）、私はやぎ鉄板焼き定食（1480円）を注文した。

●宮里氏からヤギ汁をお椀一杯分を分けてもらった。骨、皮、肉、内臓が時間をかけて煮込まれ、ヨモギとヤギ汁特有の芳香と旨みが口いっぱいに広がる。が、ヒージャージョーグーの宮里氏には肉の量や味付け

皮付きと赤肉の刺身がつくヤギ定食（大）

チーイリチャー

やぎ焼きそば

にやや不満ありげだ。

●やぎ鉄板焼はヤギ肉とタマネギ、ヨモギを炒めたものでおかずとしても酒の肴としても申し分ない。今は珍しくなったチーイリチャー（480円）、やぎ炒め（チャンプルー980円）、やぎボロネーゼ（1080円）、やぎ焼きそば（980円）を頼んだ。やぎボロネーゼはパスタの代わりに沖縄そばの幅広麺（生麺）を使用した女性好みの味。しかしヤギ肉が高いのは理解できるが、ヤギを前面に出している割には肉らしい塊が見えないのはヒージャージョーグーとして物足りない。

●しかしながら、これほどまでにメニューが充実している専門店は見たことがない。かねてからこういう料理店の出現を期待していた。店内及び厨房は清潔、従業員は礼儀正しく愛嬌があり好感が持てる。那覇にも支店を出してほしいと思った。

オーナーシェフの中西さん

中央上が珍しいヤギ肉の鉄板焼き

> **MENU**
> やぎ汁単品（中1380円、大1780円）、やぎラーメン1080円、やぎカレー980円（スープ、サラダ付）、やぎ刺身1480円（厚み1ミリと3ミリ）、やぎの金玉1980円、やぎのユッケ580円、やぎそば980円、やぎの串焼き680円、やぎボロボロじゅーしー980円、やぎのリゾット1280円、やぎピザ980円。

Goat NewsTopics

おいしいヤギ汁ごちそうさま！
北中城で学校給食に村内産のヒージャー

● 平成25年1月25日、伝統的な地域の料理に理解と親しみを持ってもらおうと北中城村内の学校給食のメニューにヒージャー汁（ヤギ汁）が登場した。

● 村立学校給食共同調理場の取り組みで、昨年に引き続きヒージャー汁が振るまわれたという。ヤギ肉は村安谷屋出身の農家、棚原栄春さんが育てたヤギを使った。村立島袋小学校（宇都宮幸雄校長）の2年1組では、ほとんどの児童が昨年の給食以来だというヤギ汁に挑戦したが、中には苦手だけど美味しく食べられたという子もいたようだ（2013年2月7日付「琉球新報」参照）。

● 子供の時に食べた味は舌と脳にインプットされ、大人になっても「また食べたい」という気持ちに回帰するが、大人になって初めて味わう味は一過性になってしまうといわれている。家庭でヤギ料理が食卓に上る機会が少なくなった現在、この試みは非常にいい体験となったに違いない。

● 私は以前からヤギ料理を学校給食に取り入れることを提案してきたが、この試みは素晴らしいことである。出来ればさらに回数を増やすとともに子供たちが喜ぶヤギカレーやヤギシチューなどを出すような工夫をしてもらいたい。

Goat NewsTopics

新年祝ってヤギ汁の宴
中城村南上原で区民が集まって舌鼓を打つ

● 2017年2月2日付「沖縄タイムス」に写真入りの大きな見出しが目を引いた。

中城村南上原区（富島初子自治会長）の新年会が1月28日、区の公民館であり、沖縄の伝統食ヒージャー汁（ヤギ汁）を食べて新年を祝った。同区で10年以上続く恒例の行事となっており、1500円でおかわり自由の宴で、多くの区民が熱々のヒージャー汁をすすり舌鼓を打った。

● 特にヒージャージョーグー（ヤギ料理好き）にとってはたまらない企画。以前、役員会で新年会の持ち方を検討した際、かつての区行事などではヤギ汁が振舞われていたとの声が上がり、復活したという。ヒージャー汁には独特のにおいがあり好き嫌いも多く、参加人数が減るのでは、との懸念もあったが逆に参加者は増えたという。

● 富島自治会長は、「それ以来『新年会は公民館にヒージャー汁を食べに行こう』が区民の合言葉になり、参加者も年々増加している」と話す。
いいですね、この雰囲気。これから徐々に伝統的なヒージャー汁やヤギ刺しが見直され、普及していくことを期待している。

column 5 スリランカで出会ったヤギカレーのレシピ

スリランカへはるばる日本からヤギ好きが来たというので、ガイドが気を遣って、ホテルのコックにお願いし、ヤギカレーの作り方教室を開催してくれた。以下、写真で紹介しよう。

① 準備する材料
ヤギ肉 150 グラム（右上の皿）
ニンニク、タマネギ、トマトのスライス（左上の皿）
コショウと塩（中央の皿）
黒コショウ、カレーパウダー、チリパウダー、ターメリック（右下の皿）
青唐辛子、シナモン、カルダモン、カレーリーフ（左下の皿）

② 熱したフライパンに油を入れて、ニンニク、タマネギを炒める。さらにカルダモン、青唐辛子、シナモン、コリアンダー、カレーリーフ、カレーパウダーを炒める

お米の産地 　スリランカのカレーは、インドのカレー同様とろみは少ないが、香辛料はしっかり入っており味や香りも良いが結構辛い。それでもホテルやレストランの味は外国人のためにかなりアレンジされているようだ。それをご飯にかけ手で食べる。
カレーには魚カレー、ヤギ肉カレー、ダール（ヒヨコ豆）のカレー、ジャガイモカレーや野菜カレーなどいろいろある。
米の産地であるスリランカには様々な種類の米が生産されている。ホテルのレストランには、ガラスの容器に入れられた赤米と白米が交互に重ねられたディスプレイが目に付く。これらの米はご飯としても食べるが、麺にしても食べられている。

③ ヤギ肉を炒めて、塩、コショウで味をととのえる

⑥ スリランカのヤギカレーの出来上がり。とろみは全くなく、塩辛く、肉は硬い

④ しばらく炒めて5分後、水を加える

シェフとツーショット

⑤ トマトを加えて、さらに5分ほど煮込む

インディ・アッパ（Indi Appa）と呼ばれる麺は、米粉を練ってトコロテンのように型に入れ押し出し蒸したもので、ストリング・ホッパー（String Hopper）とも呼ばれる。下の麺がそれである。これにホディと呼ばれるカレーや、写真のようにさまざまな種類のサンボルをかけて食べる。朝食の定番メニューで、実際にスリランカ滞在中、どのホテルでも朝食に準備されていた。サンボルとは、ココナツや野菜の和え物でサラダのようなもの。ココナツの粉末にチリとライムと塩を加えたものや、タマネギに砂糖とチリを加えて炒めたものなどがあり、中にはカツオ節が入っている場合もあり、日本人の口によく合う。

あとがき

本島北部から南部を縦断し、さらには南大東島、宮古島、多良間島、石垣島から北は伊平屋島や伊是名島まで県内各地を廻りヤギ農家やヤギ料理専門店の経営者と話を交わす中から、これまでと違うヤギ肉の需要や消費が明らかに伸びてきているとの実感を受けた。嬉しいですね。その第1の要因は、やはりヤギ汁を食べても血圧は上がらない、という新聞記事が大きな影響を与えているように思う。その記事が掲載されて以来、ヤギ料理店の客は確実に増えているといわれている。第2の要因は観光客の増加だろう。観光の醍醐味はなんといってもその土地の料理を味わうことである。これまで沖縄（琉球）料理といえばなんといっても豚肉料理がメジャーで、ヤギ料理はマイナーの位置に甘んじていたが、リピーターが増えるにつれて次第にヤギ料理に眼が向くようになってきたのではないかと思われる。

これは例えれば、一般の旅行社が企画する観光地巡りで満足していた人たちが、ありきたりの旅行ではなく、ワイナリーや酒造所を巡る旅や美味しいものを食べ歩くグルメの旅や辺境の地を彷徨う旅などに変わってきたように、リピーターが増えたことにより、沖縄＝豚肉料理の偏重から、沖縄へ行かなければ食べられないヤギ料理に着目してきた結果ではないだろうか。

今、本土の居酒屋からインターネットでヤギ刺しの注文が増えてきているとも聞いた。日本人はなんでも刺身で食べる民族である。魚介類はもちろんのこと、牛刺し、馬

刺し、レバ刺し、鳥刺しなどの獣肉のほか、ジビエの鹿、熊、イノシシ、キジなどにも食指を伸ばす特殊な民族であるが、ヤギ刺だけが未開発である。適度に焼かれ皮がたたき状になりコリコリした歯ごたえは他の獣肉の刺身にはない独特な食感で、生姜醤油で食べると泡盛との相性は抜群である。これぞ沖縄の食の神髄だと叫びたくなるほどである。この味を知った連中が増えてきたのが第3の要因であろう。

筆者は泡盛とヤギ料理だけでも、ユネスコの無形文化遺産に登録を申請したいほどであるが、残念ながらヤギの入手が困難となり、そのあおりでヤギ肉が高騰し、ヤギ料理店が閉店に追い込まれている現状に憂いを感じている。

末筆になったが本書を刊行するに当たり、取材協力していただいた無類のヒージャージョーグーである宮里栄徳氏には、写真撮影、インタビュー、運転手等にお世話になった。宮里さんの手伝いなくして本書は完成しなかった。ここに記してお礼を申し上げたい。

また、本書の出版を引き受けて下さったボーダーインクの池宮紀子社長および編集の喜納えりかさんには心より感謝申し上げたい。

2018 年春

平川 宗隆

主な引用・参考文献

伊波盛誠『琉球動物史』ひるぎ書房　1979 年
恵原義盛『奄美生活誌』木耳社　1973 年
沖縄県農林水産行政史編集委員会編『沖縄県農林水産行政史　第五巻』1986 年
柏常秋『沖永良部島民俗誌』凌霄文庫刊行会　1954 年
鹿野忠雄「紅頭嶼ヤミ族のヤギの崇拝に就いて」『人類学雑誌 45』1930 年
加茂儀一『家畜文化史』法政大学出版局　1973 年
河村只雄『南方文化の探究』講談社　1999 年
北原名田造『ヤギ』農山漁村文化協会　1979 年
金城須美子「史料にみる産物と食生活」『新沖縄文学 54』1982 年
座間味村史編集委員会編『座間味村史・上巻』1989 年
島袋正敏『沖縄の豚と山羊』ひるぎ社　1989 年
白井紀白『山羊の飼養と疾病』角笛社　1948 年
新里銀徳「畜産業」『沖縄県農林水産行政史 第 12 巻』
　　沖縄県農林水産行政史編集委員会編　農林統計協会　1982 年
新城明久「沖縄肉用ヤギの雑種化に関する遺伝学的分析」日本畜産学会　1979 年
新城明久「山羊肉の利用『めん羊・山羊のガイドブック』日本緬羊協会　1994 年
新城明久、砂川勝徳「沖縄の山羊と肉利用」『めん羊・山羊技術ガイドブック』
　　日本緬羊協会　1996 年
『世界大百科事典 30』平凡社　1982 年
當山眞秀『沖縄県畜産史』那覇出版社　1979 年
渡嘉敷綏宝『沖縄の山羊』那覇出版社　1984 年
渡嘉敷綏宝「山羊」『沖縄県農林水産行政史　第 5 巻』
　　沖縄県農林水産行政史編集委員会編 農林統計協会　1986 年
中西良孝編著『シリーズ〈家畜の科学〉3　山羊の科学』朝倉書店　2014 年
『日本大百科全書 23』小学館　1995 年
根岸八郎『乳用山羊』満蒙開拓少年義勇軍訓練所　1943 年
野澤謙、西田隆雄『家畜と人間』出光書店　1981 年
野澤謙「東および東南アジアにおける在来家畜の起源と系統に関する遺伝学的研究」
　　『在来家畜研究会報告 11』　1986 年
野間吉夫『シマの生活誌』三元社　1942 年
外間治男『大宜味やんばるの生活風景』球陽堂書房　1985 年
萬田正治『新特産シリーズ　ヤギ』農山漁村文化協会　2000 年
万年英之「家畜ヤギの起源と系譜」『在来家畜研究会報告 21』　2004 年
宮城文『八重山生活誌』沖縄タイムス社　1982 年
宮古畜産史編集委員会編『宮古畜産史』宮古市町村会　1984 年
山根章弘『羊毛の語る日本史』PHP 研究所　1983 年
琉球政府文教局『琉球史料 第 8 巻』琉球政府文教局　1963 年
Asdell S.A, Smith ADB, Inheritance of color, beard, tassels and horns in the goat.
　　The Journal of Heredity 19. 1928

平川 宗隆 （ひらかわ・むねたか）

博士（学術）・獣医師・調理師。
昭和 20 年 8 月 23 日生まれ。昭和 44 年日本獣医畜産大学獣医学科卒業
平成 6 年琉球大学大学院法学研究科修士課程修了
平成 20 年鹿児島大学大学院連合農学研究科後期博士課程修了
昭和 44 年琉球政府厚生局入庁
昭和 47 年国際協力事業団・青年海外協力隊員としてインド国へ派遣（2 年間）
昭和 49 年帰国後、沖縄県農林水産部畜産課、県立農業大学校、
動物愛護センター所長、中央食肉衛生検査所々長等を歴任
平成 18 年 3 月に定年退職
現在は、Asian Partnership for Goat Affairs（APGA）理事、
沖縄山羊文化振興会会長、アジア食文化研究会会長

著書
『沖縄トイレ世替わり』ボーダーインク　2000 年
『今日もあまはい くまはい』ボーダーインク　2001 年
『沖縄のヤギ文化誌』ボーダーインク　2003 年
『山羊の出番だ』編著　沖縄山羊文化振興会 2004 年
『豚国・おきなわ』那覇出版社　2005 年
『沖縄でなぜヤギが愛されるのか』ボーダーインク　2009 年
『Dr. 平川の沖縄・アジア麺喰い紀行』楽園計画　2013 年
『ステーキに恋して』ボーダーインク　2015 年
『復活のアグー』ボーダーインク　2016 年

ヒージャー天国　食べる・飼う・いやされる　沖縄のヤギ文化誌

2018 年 4 月 20 日　初版第一刷発行

著　者　平川宗隆
発行者　池宮紀子
発行所　（有）ボーダーインク
　　　　〒 902-0076　沖縄県那覇市与儀 226-3
　　　　電話 098-835-2777　ファクス 098-835-2840

印　刷　株式会社 東洋企画印刷

この印刷物は個人情報保護マネジメントシステム（プライバシーマーク）を認証された事業者が印刷しています。

この印刷物は、E3PA のゴールドプラス基準に適合した地球環境にやさしい印刷方法で作成されています
E3PA：環境保護印刷推進協議会　http://www.e3pa.com

©Munetaka Hirakawa, 2018
ISBN978-4-89982-341-4

NO YAGI
NO LIFE

Welcome to
Goat paradise
Okinawa